YOUZHI YANYE
NGXIANG SHENGCHAN
JISHU SHOUCE

优质烟叶
定向生产技术手册

石屹　王永　孙延国◎等著

LANLINGPIAN

兰陵篇

中国农业大学出版社
China Agricultural University Press

内 容 简 介

烤烟是山东省重要的经济作物之一,常年种植面积2万余公顷,涉及烟农1万余户,在烟区乡村振兴中具有重要作用。山东烟叶以干草香韵、正甜香韵为主体,正甜香韵突出,回甜感强,是中式卷烟配方中不可或缺的原料。

为进一步提高山东烟叶品质与工业可用性,山东烟草工商研三方密切合作,突破了土壤适宜性提升、推荐施肥、生育期优化等关键技术,创新了烟叶全收全调模式,整体提升了山东烟叶品质,增加了烟农收入。

本丛书提供了基于"泰山"品牌卷烟需求的烟叶品质提升路径,阐述了临朐、兰陵、诸城优质烟叶生产关键环节的技术要点与注意事项,具有较强的实用性和可操作性,可供该区域烟叶生产管理人员、技术人员、烟农使用,对其他产区也有借鉴意义。

图书在版编目(CIP)数据

优质烟叶定向生产技术手册. 兰陵篇 / 石屹等著. -- 北京:中国农业大学出版社,2024.5

ISBN 978-7-5655-3136-1

Ⅰ.①优… Ⅱ.①石… Ⅲ.①烟叶－生产技术－技术手册 Ⅳ.①TS45-62

中国国家版本馆 CIP 数据核字(2024)第 086943 号

书　　名	优质烟叶定向生产技术手册·兰陵篇			
作　　者	石　屹　王　永　孙延国　等著			

策划编辑	康昊婷	责任编辑	康昊婷　刘彦龙
封面设计	中通世奥图文设计		
出版发行	中国农业大学出版社		
社　　址	北京市海淀区圆明园西路2号	邮政编码	100193
电　　话	发行部 010-62733489,1190	读者服务部	010-62732336
	编辑部 010-62732617,2618	出　版　部	010-62733440
网　　址	http://www.caupress.cn	E-mail	cbsszs@cau.edu.cn
经　　销	新华书店		
印　　刷	河北虎彩印刷有限公司		
版　　次	2024年5月第1版　2024年5月第1次印刷		
规　　格	148 mm×210 mm　32开本　4.5印张　113千字		
定　　价	99.00元(全三册)		

图书如有质量问题本社发行部负责调换

前言
——Preface

烤烟是山东省重要的经济作物之一,主要分布在潍坊、临沂、日照等地区,在促进当地农民增收、推进乡村振兴中发挥了重要作用。同时,山东烟区也是山东中烟"泰山"品牌卷烟原料的主要来源地,山东中烟年度调拨山东烟叶量占其总量的比例达到 40% 以上。但以往山东烟叶主要应用在"泰山"品牌三类及以下卷烟规格当中,在中高档卷烟配方中使用比例不高。近年来,随着"泰山"品牌一、二类卷烟产销量的大幅提升,山东烟叶在"泰山"品牌配方中的使用矛盾日益突出,如不采取解决措施,山东烟叶无效库存将持续增加,势必影响山东工商双方正常的烟叶生产收购与调拨工作,进而影响到烟农植烟积极性。鉴于此,2019 年,山东中烟工业有限责任公司联合中国农业科学院烟草研究所以及潍坊、临沂、日照等地烟草公司,启动实施了"基于'泰山'品牌需求的山东烟叶定向栽培技术与应用"重点科技项目,通过 3 年攻关,创新设计了烟叶全收全调模式,优化了优质产区布局,构建了山东烟叶分类定向生产技术体系,整体提升了生产水平和烟叶品质,提高了山东烟叶在"泰山"品牌中高档卷烟配方中的使用水平,实现了将山东烟叶独特的"蜜甜香"风格特色转变成"泰山"品牌中高档卷烟产品的竞争优势。为了巩固、落实项目研究成果,为全收全调烟区生产技术人员和烟农提供一部翔实的生产工具书,我们特编写《优质烟叶定向生产技术手册》丛书。

本丛书共分三册,分别为《优质烟叶定向生产技术手册·临朐篇》《优质烟叶定向生产技术手册·兰陵篇》《优质烟叶定向生产技术手册·诸城篇》,其中临朐、兰陵、诸城分别是山东香味型、香吃味型、吃味型烟叶产区的典型代表区。三本手册内容架构基本一致，每本分九章，第一章介绍当地基本情况，第二章提供各地优质烟叶生产途径，第三章描述土壤健康管理内容，第四章介绍各地主栽优良品种，第五章描述培育无病壮苗技术，第六章系统总结田间定向栽培技术体系，包括起垄、施肥、移栽、灌溉、揭膜培土、打顶留叶等各个环节，第七章介绍烟草主要病虫害及绿色防控措施，第八章提供成熟采收与精准烘烤技术，第九章介绍烟叶分级与收购内容。

本丛书以图文并茂的形式详细地描述了烟叶定向生产各个环节的技术要点与注意事项，提供了如何在基于工业需求的情况下开展定向生产工作的思路，文字描述通俗易懂，具有较强的实用性和可操作性，可供广大烟叶生产技术人员、烟农参考使用，保障定向生产技术落实到位。

本丛书编写过程中，中国农业科学院烟草研究所，山东中烟工业有限责任公司，山东省烟草专卖局（公司），山东潍坊烟草有限公司及诸城、临朐分公司，山东临沂烟草有限公司及兰陵分公司，山东日照烟草有限公司等单位给予了大力支持，在此一并表示衷心感谢！

限于编著者水平，书中不足之处在所难免，恳请广大读者批评指正。

2023 年 10 月

著　者

目 录

Contents

第一章

兰陵基本情况

一、兰陵地理环境

1. 地理位置

兰陵县位于山东省南部,北纬 $34°37'\sim35°06'$,东经 $117°41'\sim118°18'$,东与临沂市罗庄区及郯城县接壤,东南部与郯城县相连,南部与江苏省邳州市毗邻,西部与枣庄为邻,北部与费县交界,东北部与罗庄区相依。总面积 $1724\ km^2$,耕地面积 $10.78\ hm^2$,山区和平原各占一半。辖 15 个乡镇、2 个街道、1 个省级经济开发区,213 个社区、604 个行政村,人口 147.2 万。

2. 地形地貌

兰陵县地处鲁南低山丘陵南缘,海拔高程 $40\sim580\ m$。地势自西北向东南逐次降低,依次是低山、丘陵、平原、洼地。低山多分布于西北部的鲁城、下村、车辋等乡镇,面积 3.5 万 hm^2,占全县总面积的 19.6%。丘陵多分布于低山平原之间,面积 3.37 万 hm^2,占全县总面

1

积的 18.4%。平原多为东、西泇河,汶河及沂河冲积、分洪而成,面积 11.2 万 hm²,占全县总面积的 62%。

全县土壤分棕壤土、褐土、潮土、砂姜黑土 4 个土类、10 个亚类、16 个土属、27 个土种,以褐土、潮土、砂姜黑土、棕壤土为主,分别占总面积的 35.6%、28.1%、23.7%、12.6%。

3. 气候条件

兰陵县属暖温带季风区域大陆性气候,其特点是冬季漫长干冷,雨雪稀少;春季风大空气干燥,易发生春旱;夏季高温多湿,雨水集中,灾害性天气较多;秋季常受干旱或连阴雨天气的威胁。年平均气温 13.5 ℃,平均气温年较差 27.4 ℃。无霜期年平均 209 d,年平均日照时数 1 986.3 h。0 ℃以上持续期 235 d(一般为 3 月 25 日至 11 月 16 日)。年平均降水量 835.3 mm,年平均降雨日数为 82 d。降水四季分布不均,集中在每年 5—9 月,7 月最多。兰陵烟区主要气象特征见表 1-1。

表 1-1 兰陵烟区主要气象特征

月份	旬	平均气温/℃	降水量/mm	日照时数/h
4 月	上旬	12.81	10.18	71.19
	中旬	14.79	14.97	73.89
	下旬	16.65	14.97	74.74
5 月	上旬	18.86	25.13	75.51
	中旬	20.04	27.95	74.92
	下旬	22.27	26.48	81.71
6 月	上旬	23.88	19.24	70.28
	中旬	24.92	27.72	71.43
	下旬	25.48	55.39	58.96
7 月	上旬	26.30	66.16	59.82
	中旬	26.46	93.72	53.10
	下旬	27.67	81.50	68.42

续表 1-1

月份	旬	平均气温/℃	降水量/mm	日照时数/h
8月	上旬	27.13	64.42	60.96
	中旬	26.21	66.69	58.74
	下旬	24.71	67.38	64.14
9月	上旬	23.28	27.20	60.08
	中旬	21.99	28.67	56.08
	下旬	20.33	19.43	59.08

4. 自然资源

（1）水文资源

境内河道属淮河流域中运河水系，其中吴坦河流域面积 483.27 km²，占 24.5%；西㳇河流域面积 640 km²，占 32.5%；陶沟河流域面积 129.74 km²，占 6.6%；运女河流域 41.17 km²，占 2.2%；汶河流域面积 164.1 km²，占 8.3%；白家沟流域面积 50 km²，占 2.5%；燕子河流域面积 311.5 km²，占 15.8%；小涑河流域面积 72 km²，占 3.6%；武河流域面积 19.73 km²，占 1.1%；邳苍分洪道流域面积 57.8 km²，占 2.9%。主要河道只有四级河吴坦河、西㳇河、陶沟河、汶河、燕子河等 5 条，总长 178.7 km。河流总长度 479.25 km。河网密度 0.25 km/km²，径流总量 6.1 亿 m³。境内最大河流为西㳇河，从费县马庄镇至江苏省邳州市四户镇流经境内下村乡、尚岩镇、向城镇、新兴镇、兰陵镇，长 39 km，流域面积 640 km²，年均流量 800 m³/秒，主要支流有 5 条，分别是下村河、峰下沟、水沟、阳明河、黄山河。

（2）自然人文

兰陵自然条件优越，农产品资源丰富，被誉为"中国蔬菜之乡""中国大蒜之乡""中国牛蒡之乡"和"山东南菜园"，近年来先后被评为全国休闲农业乡村旅游示范县、全国农村一、二、三产业融合发展先导区。自然资源十分丰富，现已探明的矿产资源有铁矿石、石膏、石灰岩等 20 多种。以农产品加工、矿产品加工、建材为主导的产业体系初步形成,市场流通繁荣活跃。兰陵区位优势明显,交通便利,名胜古迹、旅游景观众多。全县县以上文物保护单位有 21 处,为临沂市文化古迹最多县。兰陵被誉为"天下第一酒都",兰陵美酒可追溯到殷商时代。全县有大小山峰 611 座,境内的抱犊崮海拔 580 m,为沂蒙七十二崮之一,系鲁南第一峰,为国家级森林公园;文峰山海拔 234 m,古松参天,巨石嶙峋,风景秀丽,素有"鲁南小泰山"之美称,"文峰积雪"为古沂蒙八大景之一。县内古迹众多,荀子古墓、萧望之墓、鄑国故城、柞国故城、摩崖石刻、汉墓群等都已成为游览胜地。

二、兰陵社会经济状况

1. 人口状况

根据第七次全国人口普查结果,兰陵 2020 年全县常住人口为 1 104 391 人。全县共有家庭户 377 415 户,集体户 6 458 户,家庭户人口为 1 081 441 人,集体户人口为 22 950 人,平均每个家庭户的人口为 2.87 人。全县常住人口中,男性人口为 565 314 人,占 51.19%;女性人口为 539 077 人,占 48.81%;总人口性别比(以女性为 100,男性对女性的比例)为 104.87;0~14 岁人口为 282 638 人,占 25.59%;15~59 岁人口为 594 884 人,占 53.87%;60 岁及以上人口为 226 869 人,占 20.54%,其中 65 岁及以上人口为 165 141 人,占 14.95%。具有大学(指大专及以上)受教育程度的人口为 54 256 人,具有高中(含中专)受教育程度的人口为 93 480 人,具有初中受教育程度的人口为 365 718 人,具有小学受教育程度的人口为 407 612 人(以上各种受教育程度的人口包括各类学校的毕业生、肄业生和在校生)。居住在城镇的人口为 442 619 人,占 40.08%;居住在乡村的人口为 661 772 人,占 59.92%;与 2010 年第六次全国人口普查相比,城镇人口比重上升

8.72个百分点。

2. 经济状况

根据地区生产总值统一核算结果,2022年全县实现地区生产总值340.0亿元,同比增长4.3%。其中,第一产业增加值79.7亿元,同比增长5.4%;第二产业增加值92.7亿元,同比增长4.8%;第三产业增加值167.6亿元,同比增长3.1%。三次产业结构为23.4:27.3:49.3。

3. 农业经济

2022年全县农、林、牧、渔业实现总产值139.36亿元,其中,农、林、牧、渔及农林牧渔业服务业产值分别为108.18亿元、1.93亿元、20.03亿元、5.12亿元和4.10亿元,同比分别增长5.7%、16.4%、2.8%、8.1%、11.9%。

2022年粮食播种面积148.98万亩(1亩≈666.7 m²),较上年增加834亩;总产66.65万t,较上年减少0.26万t,同比下降0.39%;单产447.4 kg/亩,较上年减少1.99 kg/亩,同比下降0.44%。其中,夏粮种植面积62.81万亩,总产29.09万t;秋粮种植面积86.17万亩,总产37.56万t。全县经济作物播种面积110.38万亩,其中,油料种植面积16.48万亩,总产5.54万t,同比分别下降4.5%和6.0%;蔬菜及食用菌面积88.15万亩,总产量354.98万t,同比分别增长3.6%和3.4%;瓜果类播种面积3.29万亩,总产14.17万t,分别同比增加1.0%和0.4%。果园面积3.72万亩,与去年基本持平,水果产量10.8万t,同比增长13.7%。全县年末生猪存栏42.18万头,同比增长6.2%,全年出栏51.52万头,同比增长2.7%;家禽存栏1 235.25万只,同比减少1.3%,全年出栏4 100.59万只,同比减少8.6%;牛存栏2.42万头,同比增加4.0%,出栏2.5万头,同比减少4.8%;羊存栏27.77万只,同比增加1.4%,出栏34.09万只,同比减少21.1%。全年肉类总产量11.43万t,其中,猪肉产量4.45万t,牛肉产量0.55万t,

羊肉产量 0.48 万 t,禽肉产量 5.95 万 t。禽蛋产量 2.66 万 t,牛奶产量 2.03 万 t。全年完成造林面积 739 亩,其中,人工造林 665 亩、退化林修复 74 亩;育苗面积 326 亩,新增育苗面积 40 亩。森林覆盖率 11.8%。年末农业机械总动力 148.54 万 kW,拖拉机保有量 8.17 万台,各类配套农机具 12.81 万台(套),小麦和玉米联合收割机分别达到 2 622 台和 1 345 台。深松机、打捆机、粮食烘干机共 309 台。全县农作物综合机械化水平达到 90%,主要粮食生产机械化水平达到 99.3%。主要农作物秸秆综合利用率达到 95.6%,其中,秸秆机械化切碎还田 130 万亩。

三、兰陵烤烟发展状况

1. 兰陵烤烟生产历史

兰陵县自 20 世纪 70 年代开始种植烤烟,至今已有 50 多年的历史。目前设有大仲村、兴龙、车辋、放马岭等 4 个烟叶工作站。

2. 兰陵烤烟生产现状

(1)烟区概况

2022 年,兰陵全县种植烟叶面积 2 万亩,居全市第三位。2014 年至 2019 年,连续 6 年完成烟叶收购计划,各项指标连续 5 年实现增长,其中:烟叶种植面积由 1.2 万亩增加到 1.5 万亩;收购量由 3.6 万担增加到 4.25 万担;上等烟比例由 47.63% 提高到 65.95%,中部上等烟比例由 32.4% 提高到 60.82%,中部烟比例由 43.76% 提高到 66.86%,上部烟比例由 44.02% 下降到 22.03%,均价由 23.33 元/kg 提高到 27.31 元/kg;亩产值由 3 606 元提高到 4 236 元,户均收入由 8.1 万元提高到 15 万元,烟叶税由 850.2 万元提高到 1 288.8 万元,亩均税收由 708.5 元提高到 859.22 元。

近几年,兰陵县加强山东中烟工业有限公司基地单元建设,利用乡镇、村两级机耕路将基地单元内的小连片烟田有效串联,构建"小集中、大串联"的"葡萄串"式适度规模化种植模式,年轮作换茬比例达到93%以上;适当加大烟田向丘陵山区转移力度,引导"烟田上山",进一步彰显"鲁南丘陵生态中棵烟"的风格特色,生产工作稳步推进。

(2)烟区地力状况

土壤肥力指标又称土壤养分丰缺指标,主要根据作物相对产量的不同水平进行划分。对烟草而言,确定植烟土壤的养分丰缺指标要综合考虑烟叶产量和品质两个指标。根据烤烟养分需求特征,结合植烟土壤养分普查结果,我国植烟土壤养分丰缺评价采用了3~5级的指标体系。与烟草产量与品质密切相关的土壤肥力指标主要是 pH、有机质含量、碱解氮含量、有效磷含量、速效钾含量、氯离子含量(表1-2)。

表 1-2 植烟土壤养分丰缺指标

指标	等级标准				
	极缺乏	缺乏(低)	适宜(中)	丰富(较高)	极丰富(高)
pH	<4.5	4.5~5.5	5.5~7.0	7.0~7.5	>7.5
有机质/(g/kg)	<5	5~10	10~15	15~20	>20
碱解氮/(mg/kg)	<30	30~50	50~70	70~100	>100
有效磷/(mg/kg)	<5	5~10	10~20	20~40	>40
速效钾/(mg/kg)	<80	80~150	150~220	220~350	>350
氯/(mg/kg)	<5	5~10	10~30	30~45	>45

兰陵烟区土壤 pH 差异不显著,总体适宜,个别地块存在偏酸或偏碱的情况(表1-3)。

表 1-3 兰陵烟区不同烟站土壤 pH 分布特征

烟站	分布范围	平均值	中位数
大仲村	4.5~7.9	6.8	7.0
兴龙	5.3~7.9	7.0	7.2
车辋	4.9~7.9	6.4	6.2
放马岭	5.1~7.7	7.0	7.3

兰陵烟区土壤有机质含量表现为北高南低的特征,大部分产区适

宜,部分地块有机质缺乏,需要补充有机肥料。东北部烟区土壤有机质含量普遍在适中水平(>15 g/kg);中部烟区土壤有机质含量变异较大(表 1-4)。

表 1-4　兰陵烟区不同烟站土壤有机质含量分布特征　　g/kg

烟站	分布范围	平均值	中位数
大仲村	13.8～25.5	18.1	17.7
兴龙	13.3～24.9	19.2	18.4
车辋	8.8～17.8	13.3	13.4
放马岭	8.6～30.7	19.2	18.2

兰陵烟区土壤碱解氮含量主要在适中和丰富范围内,少数田块碱解氮含量稍低(表 1-5)。

表 1-5　兰陵烟区不同烟站土壤碱解氮含量分布特征　　mg/kg

烟站	分布范围	平均值	中位数
大仲村	44.3～191.0	105.6	92.0
兴龙	65.8～152.0	97.4	93.7
车辋	35.4～107.0	79.4	80.1
放马岭	44.3～216.0	99.3	93.7

兰陵烟区土壤有效磷含量基本在适中和丰富范围内(表 1-6)。

表 1-6　兰陵烟区不同烟站土壤有效磷含量分布特征　　mg/kg

烟站	分布范围	平均值	中位数
大仲村	18.6～89.8	38.2	31.8
兴龙	20.7～100.4	36.3	30.7
车辋	11.8～42.4	23.6	17.7
放马岭	9.4～122.5	33.0	28.6

兰陵烟区土壤速效钾含量大部分在适中范围内,少部分缺乏(表 1-7)。

表 1-7　兰陵烟区不同烟站土壤速效钾含量分布特征　mg/kg

烟站	分布范围	平均值	中位数
大仲村	138.2～255.0	181.4	176.6
兴龙	132.9～249.1	191.9	183.9
车辋	87.8～178.4	132.8	133.8
放马岭	86.4～306.7	191.7	182.2

（3）烟叶风格特征

兰陵烟叶风格特征是蜜甜焦香型，以干草香、正甜香为主体香韵，焦香、木香、坚果香、辛香为辅助香韵；化学成分呈现总体协调，还原糖和总糖含量偏低，糖碱比、两糖比、氮碱比偏低的特点。

3. 兰陵烤烟发展方向

兰陵烤烟发展方向为：深入贯彻落实"创新、协调、绿色、开放、共享"发展理念，以改革创新为引领，以创建"丘陵·生态"定制化品牌为目标，以满足"泰山"卷烟品牌原料配方需求为导向，更加注重科技进步、质量安全、生态环保、减工降本，扎实推进标准化生产、专业化服务、信息化管理，提高土地产出率、资源利用率和劳动生产率，促进烟农收入持续增加，打造具有现代烟草经济特征的卷烟第一车间，打造特色化、均质化、绿色化的"鲁南丘陵生态中棵烟"特色品牌。

第二章

兰陵优质烟叶生产途径

一、明确优质烟叶生产目标

卷烟工业对原料的基本需求可概括为:风格特色彰显的中部上等烟,烟叶等级纯度高,化学成分协调,烟叶安全性高,质量稳定。

1. 风格特征

中间香型,干草香韵突出,蜜甜香韵较明显,微有枯焦气、木质气、青杂气和生青气,烟气浓度、劲头中等,工业可用性较好。感官特征符合表 2-1 要求。

表 2-1 优质烟叶感官评吸指标

项目	烟气特征				评吸质量						工业可用性
	香型	香韵	浓度	劲头	香气质	香气量	余味	杂气	刺激性	燃烧性	
档次	中间香型	蜜甜香韵	中等	中等	中等以上	中等以上	中等以上	中等以上	中等以上	中等以上	较好
标度值					>10.9	>15.9	>18.4	>12.6	>8.9	>3.0	

2. 品质指标

(1)外观质量

叶片成熟度好,烟叶颜色金黄至橘黄,叶面与叶背颜色相近,叶尖部与叶基部色泽基本相似,叶面组织细致,叶片结构疏松,弹性好,叶片柔软,身份适中,色度强至浓,光泽强,油分有至多。

(2)物理特性

主要监控部分指标,包括叶长、叶宽、单叶重、叶片厚度、叶面密度、含梗率、柔软度等(表2-2)。

表2-2　优质烟叶物理特性指标参考值

部位	叶长 /cm	叶宽 /cm	单叶重 /g	叶片厚度 /μm	叶面密度 /(g/m²)	含梗率 /%	柔软度 /mN	填充值 /(cm³/g)
中部	50～65	23～29	8～14	90～120	65～80	≤32	10～60	2.8～3.2
上部	48～62	18～24	10～16	110～150	70～95	≤30	10～60	2.8～3.2

(3)化学成分

根据山东烟叶种植区划与品质区划提出的不同类型优质烤烟通用化学成分指标,结合山东中烟实际需求,将全收全调区分为3种类型产区,分别为香味型、香吃味型、吃味型,其中兰陵属于香吃味型,提出"泰山"品牌优质香吃味型烟叶化学成分指标参考值范围。

烟叶化学成分目标主要包括烟碱含量、烟碱合格率、烟碱均匀性、糖碱比、氮碱比、两糖比、钾氯比等,并且要求烟叶质量年度间稳定。优质香吃味型烟叶化学成分指标参考值见表2-3。

表2-3　优质香吃味型烟叶化学成分指标参考值

部位	还原糖 /%	总糖 /%	淀粉 /%	总氮 /%	烟碱 /%	糖碱比	两糖比	氮碱比
中部	18～23	23～28	1～5	1.5～2.1	1.75～2.75	7～14	≥0.75	0.7～1.0
上部	17～22	22～27	1～6	1.7～2.3	2.2～3.2	5～12	≥0.75	0.7～1.0

续表 2-3

部位	K /%	Na /%	S /%	氯离子 /%	纤维素 /%	半纤维素 /%	钾氯比	
中部	≥1.5	≤0.05	≤0.50	≤0.65	≤7	≤8	≥3.50	
上部	≥1.4	≤0.05	≤0.50	≤0.65	≤7	≤8	≥3.50	

(4)感官评吸质量

根据烟叶感官评吸质量标准及评吸结果分布,将评吸得分及质量档次得分分为好、较好、中等、较差及差等 5 个档次。优质烟叶要求感官评吸质量档次达到较好以上,具有较典型的中偏浓香型特征,香气风格突出,烤烟香气纯正,具体要求为:香气质较好,香气量较充足,余味较干净、舒适,杂气少,刺激性小。感官评吸质量划分参考值见表 2-4。

表 2-4 感官评吸质量划分参考值

质量档次	评吸得分		质量档次得分
	中部叶	上部叶	
好	≥75.00	≥73.50	≥3.45
较好	73.50~75.00	72.00~73.50	3.30~3.45
中等	72.00~73.50	70.50~72.00	3.15~3.30
较差	70.50~72.00	69.00~70.50	3.00~3.15
差	<70.50	<69.00	<3.00

3. 安全性要求

推广应用高效低毒农药,避开土壤重金属背景值高的区域种植,提高烟叶安全性。严格按照国家烟叶农药最大残留限量执行,其中重点监控指标限量标准见表 2-5。

表 2-5 烟叶安全性评价重点指标限量标准   mg/kg

序号	类别	中文通用名	英文名称	限量标准
1	有机氯杀虫剂	六六六[a]	benzenehexachloride,BHC	≤0.07
2		滴滴涕[b]	dichloro-diphenyl-trichloroethane,DDT	≤0.2

续表 2-5

序号	类别	中文通用名	英文名称	限量标准
3	有机磷杀虫剂	甲胺磷	methamidophos	≤1.0
4		对硫磷	parathion	≤0.1
5		甲基对硫磷	parathion-methyl	≤0.1
6	氨基甲酸酯杀虫剂	涕灭威	aldicarb	≤0.5
7		克百威	carbofuran	≤0.1
8		灭多威	methomyl	≤1.0
9	拟除虫菊酯杀虫剂	氯氟氰菊酯	cyhalothrin	≤0.5
10		氯氰菊酯	cypermethrin	≤1.0
11		氰戊菊酯	fenvalerate	≤1.0
12		溴氰菊酯	deltamethrin	≤1.0
13	烟酰亚胺杀虫剂	吡虫啉	imidacloprid	≤5.0
14	除草剂	双苯酰草胺	diphenamide	≤0.25
15		异丙甲草胺	metolachlor	≤0.1
16		敌草胺	napropamide	≤0.1
17	杀菌剂	甲霜灵	metalaxyl	≤2.0
18		菌核净	dimethachlon	≤5.0
19		二硫代氨基甲酸酯[c]	dithiocarbamates	≤5.0
20		多菌灵	carbendazim	≤2.0
21		甲基硫菌灵[d]	thiophanate-methyl	≤2.0
22		三唑酮	Triadimefon	≤5.0
23		三唑醇[e]	triadimenol	≤5.0
24	抑芽剂	二甲戊灵	pendimethalin	≤5.0
25		仲丁灵	butralin	≤5.0

续表 2-5

序号	类别	中文通用名	英文名称	限量标准
26	抑芽剂	氟节胺	flumetralin	≤5.0

注:a. 六六六的检测结果以总量计。

b. 滴滴涕的检测结果以总量计。

c. 二硫代氨基甲酸酯的检测结果以 CS_2 计。

d. 甲基硫菌灵、多菌灵,以多菌灵计。

e. 三唑酮、三唑醇,以三唑酮计。

4. 烟叶产量范围

烟叶亩产量 150～175 kg,上等烟比例达到 50％以上。下二棚烟叶单叶重 8～10 g,腰叶烟叶单叶重 10～14 g,上二棚烟叶单叶重 10～16 g,顶叶单叶重 9～13 g。收购等级合格率 80％以上,等级纯度 90％以上。

5. 烟叶调拨要求

工商交接等级合格率≥80％,烟叶本部位正组率大于 90％。烟叶水分符合国标要求,无压油,无霉变、无虫害。

二、兰陵烟叶质量状况

1. 烟叶物理特性

兰陵中部烟叶叶长平均值为 63.25 cm,其中 73.33％的样品处于适宜范围;叶宽平均值为 25.78 cm,其中 80％的样品处于适宜范围。单叶重平均值为 14.36 g,其中 40％的样品处于适宜范围。叶片厚度平均值为 114.79 μm,其中 66.67％的样品处于适宜范围。叶面密度平均值为 71.00 g/m²,其中 80％的样品处于适宜范围。含梗率平均值为 31.51％,其中 53.33％的样品处于适宜范围(表 2-6)。总体来看,兰陵中部烟叶物理特性总体中等偏上,叶片长度、叶片宽度、叶面密度总体适宜,但部分烟叶存在单叶重过高、含梗率高等问题,还有一定的提升空间。

表 2-6　兰陵中部烟叶物理特性统计

指标	叶长/cm	叶宽/cm	单叶重/g	叶片厚度/μm	叶面密度/(g/m²)	含梗率/%
平均值	63.25	25.78	14.36	114.79	71.00	31.51
中位数	63.55	25.88	14.15	113.30	72.54	31.41
标准差	3.39	2.18	1.10	10.78	7.71	3.50
方差	11.51	4.75	1.20	116.26	59.37	12.25
峰度	−0.23	−0.81	−0.22	−0.39	3.92	0.65
偏度	0.43	0.34	0.83	0.72	−1.66	−0.71
最小值	58.41	22.52	13.03	102.90	49.23	23.65
最大值	70.40	29.29	16.48	136.66	81.85	37.08
置信度(95%)	1.88	1.21	0.61	5.97	4.27	1.94
变异系数/%	5.36	8.45	7.63	9.39	10.85	11.11
适宜比例/%	73.33	80.00	40.00	66.67	80.00	53.33

　　兰陵上部烟叶叶长平均值为 58.07 cm,全部样品处于适宜范围;叶宽平均值为 19.60 cm,其中 77.78% 的样品处于适宜范围。单叶重平均值为 15.35 g,其中 61.11% 的样品处于适宜范围。叶片厚度平均值为 153.81 μm,其中 50% 的样品处于适宜范围。叶面密度平均值为 86.22 g/m²,其中 69.70% 的样品处于适宜范围。含梗率平均值为 25.47%,其中 94.44% 的样品处于适宜范围(表 2-7)。总体来看,兰陵上部烟叶物理特性总体中等偏上,叶片长度、宽度、单叶重、叶面密度、含梗率总体适宜,但部分烟叶存在叶片过厚的问题。

表 2-7　兰陵上部烟叶物理特性统计

指标	叶长/cm	叶宽/cm	单叶重/g	叶片厚度/μm	叶面密度/(g/m²)	含梗率/%
平均值	58.07	19.60	15.35	153.81	86.22	25.47
中位数	58.33	19.75	15.73	149.10	84.70	25.38
标准差	1.95	1.37	2.02	17.43	12.10	3.84

续表 2-7

指标	叶长/cm	叶宽/cm	单叶重/g	叶片厚度/μm	叶面密度/(g/m²)	含梗率/%
方差	3.79	1.88	4.08	303.74	146.38	14.78
峰度	−0.53	−0.84	1.78	2.76	−1.11	4.25
偏度	−0.43	−0.31	−0.90	1.51	0.18	1.22
最小值	53.95	16.96	10.48	131.80	64.32	18.18
最大值	60.87	21.49	18.94	203.50	107.77	36.88
置信度(95%)	0.97	0.68	1.00	8.67	4.13	1.91
变异系数/%	3.35	7.00	13.16	11.33	14.03	15.09
适宜比例/%	100.00	77.78	61.11	50.00	69.70	94.44

2. 烟叶化学成分

兰陵中部烟叶还原糖平均值为 17.72%,其中 41.94% 的样品处于适宜范围,总糖含量平均值为 23.84%,其中 58.87% 的样品处于适宜范围,部分烟叶还原糖、总糖含量偏低。淀粉含量平均值为 4.25%,其中 86.67% 的样品处于适宜范围。总氮含量平均值为 2.10%,其中 66.67% 的样品处于适宜范围。烟碱含量平均为 2.65%,其中 53.33% 的样品处于适宜范围。总钾含量平均值 1.57%,其中 77.78% 的样品处于适宜范围。总钠含量平均值 0.030%,其中 95.56% 样品处于适宜范围。总硫含量平均为 0.39%,其中 71.11% 的样品均处于适宜范围。氯离子含量平均值 0.31%,其中 95.56% 样品处于适宜范围。纤维素含量平均值为 5.78%,其中 60% 的样品处于适宜范围。半纤维素含量平均值为 7.37%,其中 73.33% 的样品处于适宜范围。烟叶衍生指标糖碱比平均值为 8.41,其中 46.67% 的样品处于适宜范围;两糖比平均值为 0.77,其中 53.33% 的样品处于适宜范围;氮碱比平均值为 0.81,其中 75.56% 的样品处于适宜范围;钾氯比平均值为 5.86,其中 86.67% 的样品处于适宜范围(表 2-8)。总体来看,兰陵中部烟叶化学成分协调性总体较好,烟叶总糖、淀粉、总氮、烟碱、钾、钠、硫、氯离子、纤维素、半纤维素含量及糖碱比、两糖比、氮碱比、钾氯比均整体适宜,但部分烟叶还原糖含量偏低，部分烟叶硫含量较高。

表 2-8　兰陵中部烟叶化学成分统计

指标	还原糖/%	总糖/%	淀粉/%	总氮/%	烟碱/%	糖碱比	两糖比	氮碱比
平均值	17.72	23.84	4.25	2.10	2.65	8.41	0.77	0.81
中位数	17.56	24.18	4.25	2.15	2.66	7.01	0.77	0.79
标准差	1.79	2.83	0.62	0.18	0.46	3.75	0.06	0.13
方差	3.20	8.02	0.38	0.03	0.22	14.08	0.00	0.02
峰度	0.55	−0.87	0.28	1.42	1.01	3.31	−1.30	3.04
偏度	0.32	−0.13	0.21	−1.31	−0.84	1.77	0.17	1.40
最小值	13.75	17.57	3.07	1.58	1.28	5.42	0.68	0.61
最大值	24.10	29.30	5.51	2.34	3.45	18.85	0.87	1.30
置信度(95%)	0.31	0.50	0.34	0.05	0.14	2.08	0.03	0.04
变异系数/%	10.10	11.88	14.55	8.38	17.54	44.62	7.87	16.48
适宜比例/%	41.94	58.87	86.67	66.67	53.33	46.67	53.33	75.56

指标	钾/%	钠/%	硫/%	氯离子/%	纤维素/%	半纤维素/%	钾氯比	
平均值	1.57	0.030	0.39	0.31	5.78	7.37	5.86	
中位数	1.60	0.030	0.42	0.27	4.78	6.81	5.91	
标准差	0.28	0.012	0.18	0.18	1.73	2.16	2.15	
方差	0.08	0.000	0.03	0.03	2.98	4.66	4.64	
峰度	13.32	3.30	0.54	16.74	−2.07	−0.69	0.19	
偏度	−3.08	1.20	0.28	3.79	0.15	0.60	−0.34	
最小值	1.07	0.010	0.03	0.17	3.77	4.40	1.25	
最大值	1.93	0.077	0.95	1.25	8.04	11.66	9.63	
置信度(95%)	0.08		0.06	0.05	0.96	1.20	0.65	
变异系数/%	18.29	40.20	46.39	58.33	29.87	29.29	37.17	
适宜比例/%	77.78	95.56	71.11	95.56	60.00	73.33	86.67	

兰陵上部烟叶还原糖含量平均值为16.91%,其中66.67%的样品处于适宜范围。总糖含量平均值为20.12%,其中50%的样品处于适宜范围。淀粉含量平均值为4.56%,其中61.90%的样品处于适宜范围。总氮含量平均值为2.13%,其中72.22%的样品处于适宜范围。烟碱含量平均值为3.05%,其中61.11%的样品处于适宜范围。总钾含量平均值为1.43%,其中69.70%的样品处于适宜范围。总钠含量平均值为0.035%,其中72.22%样品均处于适宜范围。总硫含量平均值为0.44%,其中61.11%的样品均处于适宜范围。氯离子含量平均值0.32%,全部样品处于适宜范围。纤维素含量平均值为5.85%,其中60.00%的样品处于适宜范围。半纤维素含量平均值为7.37%,全部样品处于适宜范围。烟叶衍生指标糖碱比平均值为6.13,其中66.67%的样品处于适宜范围;两糖比平均值为0.83,其中83.33%的样品处于适宜范围;氮碱比平均值为0.77,其中66.67%的样品处于适宜范围;钾氯比平均值为5.57,其中86.67%的样品处于适宜范围(表2-9)。总体来看,兰陵中部烟叶化学成分协调性总体较好,烟叶还原糖、淀粉、总氮、烟碱、糖碱比、两糖比、氮碱比、钠、硫、氯离子、半纤维素含量整体适宜,但总糖、钾含量偏低。

表2-9 兰陵上部烟叶化学成分统计

指标	还原糖/%	总糖/%	淀粉/%	总氮/%	烟碱/%	糖碱比	两糖比	氮碱比
平均值	16.91	20.12	4.56	2.13	3.05	6.13	0.83	0.77
中位数	18.17	21.00	4.90	2.09	3.16	5.70	0.84	0.72
标准差	3.94	3.64	2.03	0.20	0.41	3.05	0.07	0.14
方差	15.53	13.27	4.11	0.04	0.17	9.33	0.01	0.02
峰度	−1.21	−2.16	−1.21	−0.95	5.47	2.67	1.63	4.94
偏度	−0.78	−0.34	−0.27	−0.16	−2.07	1.50	−1.11	2.18
最小值	11.00	15.50	0.75	1.74	1.75	3.30	0.71	0.68

续表 2-9

指标	还原糖/%	总糖/%	淀粉/%	总氮/%	烟碱/%	糖碱比	两糖比	氮碱比
最大值	20.64	24.16	7.15	2.40	3.54	11.77	0.91	1.04
置信度(95%)	4.14	3.82	0.87	0.10	0.20	3.21	0.07	0.14
变异系数/%	23.30	18.10	44.40	9.53	13.38	49.83	8.50	17.61
适宜比例/%	66.67	50.00	61.90	72.22	61.11	66.67	83.33	66.67

指标	钾/%	钠/%	硫/%	氯离子/%	纤维素/%	半纤维素/%	钾氯比
平均值	1.43	0.035	0.44	0.32	5.85	5.23	5.57
中位数	1.49	0.028	0.42	0.31	5.94	5.37	5.11
标准差	0.23	0.027	0.10	0.10	1.03	0.95	2.36
方差	0.05	0.001	0.01	0.01	1.05	0.90	5.59
峰度	0.01	0.17	−0.28	0.11	−0.71	0.60	0.67
偏度	−0.70	1.13	0.25	0.67	−0.46	−0.97	0.86
最小值	0.88	0.010	0.25	0.17	3.99	3.63	2.08
最大值	1.81	0.092	0.63	0.51	7.11	6.16	12.36
置信度(95%)	0.08	0.01	0.05	0.05	0.61	0.99	0.81
变异系数/%	16.15	76.25	22.87	30.76	17.55	18.11	42.40
适宜比例/%	69.70	72.22	61.11	100.00	81.82	100.00	81.82

3. 烟叶感官评吸质量

兰陵中部烟叶劲头得分平均值为 3.17,浓度得分平均值为 3.32。香气质得分平均值为 11.30,香气量得分平均值为 16.22,烟叶余味得分平均值为 18.37,杂气得分平均值为 12.51,刺激性得分平均值为 9.14,燃烧性得分平均值为 3.07,灰色得分平均值为 3.51。中部烟叶评吸总得分平均值为 74.11,处于较好档次,其中较好及以上档次比例为 75.61%;质量档次得分平均值为 3.32,处于较好档次,其中较好及以上档次比例为 70.73%(表 2-10)。总体来看,兰陵中部烟叶感官评吸质量总体处于较好档次,香气质中等、香气量较足,余味较舒适,刺激性较小,杂气稍有,燃烧性较好。

表 2-10 兰陵中部烟叶感官质量评价统计

指标	劲头	浓度	香气质 15	香气量 20	余味 25	杂气 18	刺激性 12	燃烧性 5	灰色 5	总得分 100	质量档次
平均值	3.17	3.32	11.30	16.22	18.37	12.51	9.14	3.07	3.51	74.11	3.32
中位数	3.18	3.34	11.35	16.35	18.36	12.45	9.19	3.06	3.50	74.11	3.32
标准差	0.13	0.08	0.28	0.31	0.15	0.30	0.19	0.04	0.04	0.68	0.06
方差	0.02	0.01	0.08	0.10	0.02	0.09	0.04	0.00	0.00	0.47	0.00
峰度	0.63	0.77	−0.70	1.38	0.44	−0.01	3.72	0.00	3.03	−0.11	0.36
偏度	0.56	−0.45	−0.10	−1.19	−0.16	0.57	−1.43	−0.20	−0.57	−0.71	−0.12
最小值	2.97	3.13	10.78	15.44	18.05	12.00	8.60	3.00	3.40	72.70	3.20
最大值	3.47	3.48	11.75	16.56	18.63	13.00	9.44	3.13	3.58	75.02	3.43
置信度/95%	0.07	0.05	0.15	0.17	0.08	0.16	0.11	0.02	0.02	0.38	0.03
变异系数/%	4.20	2.54	2.47	1.90	0.83	2.37	2.12	1.21	1.17	0.92	1.78

兰陵上部烟叶劲头得分平均值为 3.36,浓度得分平均值为 3.43。香气质得分平均值为 10.59,香气量得分平均值为 16.00,余味得分平均值为 17.60,杂气得分平均值为 12.21,刺激性得分平均值为 8.68,燃烧性得分平均值为 3.03,灰色得分平均值为 3.28。上部烟叶评吸总得分平均值为 71.98,处于中等档次,其中较好及以上档次比例为 36.36%;质量档次得分平均值为 3.28,处于中等档次,其中较好档次比例为 45.45%(表 2-11)。总体来看,兰陵上部叶烟叶感官评吸质量总体处于中等水平,其中 40%左右的样品达到较好及以上的质量档次。

表 2-11 兰陵上部烟叶感官质量评价统计

指标	劲头	浓度	香气质 15	香气量 20	余味 25	杂气 18	刺激性 12	燃烧性 5	灰色 5	总得分 100	质量档次
平均值	3.36	3.43	10.59	16.00	17.60	12.21	8.68	3.03	3.28	71.98	3.28
中位数	3.36	3.43	10.60	16.02	17.58	12.30	8.69	3.32	3.32	71.75	3.30

续表 2-11

指标	劲头	浓度	香气质 15	香气量 20	余味 25	杂气 18	刺激性 12	燃烧性 5	灰色 5	总得分 100	质量 档次
标准差	0.09	0.05	0.18	0.17	0.12	0.25	0.12	0.05	0.15	2.16	0.09
方差	0.01	0.00	0.03	0.03	0.01	0.06	0.01	0.00	0.02	4.65	0.01
峰度	0.11	0.04	1.15	1.54	−1.74	−0.43	0.91	−0.31	3.08	0.82	−0.43
偏度	0.55	0.41	−0.26	−1.15	0.20	−1.00	−0.12	0.00	−1.71	0.87	−0.62
最小值	3.25	3.37	10.30	15.70	17.45	11.80	8.50	2.95	3.00	68.75	3.13
最大值	3.50	3.50	10.85	16.17	17.75	12.45	8.85	3.10	3.39	76.33	3.39
置信度(95%)	0.10	0.05	0.19	0.18	0.13	0.27	0.12	0.06	0.15	1.27	0.10
变异系数/%	2.71	1.38	1.72	1.08	0.69	2.08	1.35	1.74	4.46	3.00	2.88

4. 兰陵部分优质烟叶数据

兰陵部分烟站优质中部烟叶数据见表 2-12,兰陵部分烟站优质上部烟叶数据见表 2-13。

表 2-12　兰陵部分优质中部烟叶数据(C3F)

烟站	村	品种	香气质 15	香气量 20	余味 25	杂气 18	刺激性 12	燃烧性 5	灰色 5	总得分 100
大仲村	马山	中烟100	12.00	15.58	19.17	13.42	9.42	4.00	3.58	77.17
大仲村	兰凤窝	中烟100	11.57	16.00	18.93	12.93	9.57	4.00	3.50	76.50
大仲村	兰凤窝	NC55	11.08	15.92	18.50	12.67	9.25	4.00	3.50	74.92
大仲村	令民村	NC102	11.50	16.50	18.44	12.50	9.19	3.06	3.50	74.69
兴龙	单庄村	NC55	11.36	15.71	18.79	12.71	9.36	3.79	3.57	75.29
兴龙	薛南村	中烟100	11.17	16.06	18.67	12.50	9.44	3.06	3.50	75.00
兴龙	兴龙村	中烟100	11.70	16.55	18.50	12.50	9.20	3.05	3.50	74.90
车辋	韩沙沟	NC55	11.38	16.38	18.50	12.44	9.25	3.13	3.56	74.56
放马岭	前姚	中烟100	11.20	16.50	18.90	12.40	9.30	4.00	3.50	75.80
放马岭	现庄	中烟100	11.56	16.56	18.31	12.44	9.25	3.06	3.50	74.69

表 2-13　兰陵部分烟站优质上部烟叶数据(B2F)

烟站	村	品种	香气质 15	香气量 20	余味 25	杂气 18	刺激性 12	燃烧性 5	灰色 5	总得分 100
大仲村	马山	NC55	11.58	16.50	18.08	12.67	9.00	4.00	3.50	75.33
车辋	甘霖	中烟100	11.17	16.50	18.17	12.42	8.92	4.00	3.50	74.67
放马岭	下流井	NC55	10.83	16.75	17.67	12.17	8.42	4.00	3.50	73.33

三、兰陵烟叶质量提升途径

　　总体来看,兰陵烟叶物理特性中等偏上,化学成分较协调,中部叶感官评吸质量较好,上部叶感官评吸质量中等至较好,具有香吃味料特征。主要存在问题是部分烟叶叶片较厚、单叶重较高,部分烟叶糖含量偏低、硫含量偏高,上部叶糖碱比偏低,上部叶整体评吸质量中等,与中部叶的质量水平存在较明显差距。分析表明,评吸质量较低的烟叶,存在叶片发育过旺、烟叶烟碱偏高、硫含量高、糖碱比不协调等问题,均会对烟叶感官评吸产生负面影响。因此,应采取相应农艺措施,解决限制性因素影响,通过生育期、施肥量、密度调整,精准调控叶片发育,改善烟叶化学协调性,使烟叶质量实现进一步提升。

1. 选择适宜烟田

　　优化烟田布局,使烟区向自然条件好、烟叶质量佳的地区转移。选择最佳种植区域,种植地块以平原、丘陵、缓坡为主,适度成方连片,排灌通畅。土壤类型应以棕壤、褐土为主,土壤质地疏松、通透性好,土壤肥力中等,有灌溉条件和设施。严格落实降氯降硫要求,严禁在水源矿化度高或氯化物含量超标、土壤硫含量高或氯离子含量超过 30 mg/kg 等条件不适合的地块种植烤烟;严禁在前茬作物施肥、施药不适于烟草生长的地块种植烤烟;坚决调整连作 3 年以上的烟田、坚决调整土传病害易发、低洼易涝地块;利用冬闲季种植冬牧 70、二月兰、油菜等绿肥作物,实行深翻深松,改良土壤。

2. 优化气象要素配置

研究结果表明,对兰陵烟叶质量影响最显著的气象因素为伸根期和成熟期温度。兰陵烟草大田生育期内平均气温呈现先升高后降低的规律,以 7 月下旬最高;5 月上旬至中旬这段时间有气温先升高后明显下降的现象。根据兰陵气候条件及烟株发育对气象的需求,科学配置气象要素,优化大田生育期,建议育苗时间为 3 月上旬,移栽时间为 5 月上中旬,大田生育期 120～130 d。

3. 构建合理群体

一是适当优化群体结构,实行宽行窄株模式,调整行距为 130 cm,株距为 40～45 cm,亩株数1 200株左右。二是优化肥料用量,实行测土配方施肥。根据土壤肥力调整氮肥用量,一般中等肥力烟田亩施纯氮 5～6 kg,相同肥力的地块滴灌区比非滴灌区每亩应减少 0.3～0.5 kg纯氮;增施有机肥,亩施豆饼和大豆 25 kg 以上。三是加强水分管理,特别是移栽后至现蕾期间,如遇长期干旱应及时灌溉,一般伸根期 1 次、旺长期 2～3 次,使烟株前期发育协调,防止后期养分供应过大导致烟叶发育过旺。四是合理留叶,在适当增密基础上,把握好打顶时期与留叶数目,一般要求在 50% 烟株中心花开放时打顶,留叶 20 片左右。

四、优质烟叶生长发育进程

1. 优质烟田间长相目标

株形微腰鼓形,株高 100～120 cm,单株有效叶数 20 片左右,最大叶长不超过 70 cm,烟田烟株呈现"中棵烟"长相,营养均衡,发育良好,生长整齐,叶色正常,成熟期分层落黄明显,营养均衡,病虫害少。

2. 烟草生育期发育特征规律

烟草从移栽到采收结束所经历的天数称为大田生育期,生育期长短与品种特性和生态条件等因素有关。烟草一生中,其外部形态、内部发育及生理代谢特征均会发生阶段性变化,这些阶段称为生育时期。当50%以上植株表现出某一生育期特征时,标志烟田进入该生育时期。某一烟草品种进入各生育时期所需有效积温(生育期内逐日≥10 ℃平均气温的总和)基本恒定,生长在温度较高条件下生育期会适当缩短,而在较低温度条件下生育期会适当延长。

烟草生育时期发育特征见表 2-14。

表 2-14 烟草生育时期发育特征

生育时期	移栽期	团棵期	现蕾期
定义	烟苗移栽日期	烟株宽度与高度之比约为 2∶1,株型近似球形,称为团棵期	烟株花蕾出现日期
栽后时间	0 d	33~36 d	58~61 d
有效积温	0 ℃	412 ℃	754 ℃
发育特征	株高:8 cm 茎围:2~2.5 cm 节距:1~1.5 cm 叶长:10 cm 叶数:展开叶 6 片,心内叶 4 片	株高:20 cm 茎围:4~5 cm 节距:2~2.5 cm 叶长:45 cm 叶数:展开叶 24 片,心内叶 10 片 叶原基分化结束,花芽分化开始	株高:125 cm 茎围:9~10 cm 节距:4~5 cm 叶长:65 cm 叶数:真叶 40 片,可见叶 30 片 下部叶定长 花蕾出现
田间长相			

续表2-14

生育时期	圆顶期	初采期	终采期
定义	烟株上部叶充分展开,茎叶夹角约60°,称为圆顶期	烟叶初始采烤日期	烟叶最终采烤日期
栽后时间	77～79 d	80～82 d	115～120 d
有效积温	1 085 ℃	1 148 ℃	1 680 ℃
发育特征	株高:120 cm 茎围:9～11 cm 节距:4～5 cm 叶长:70 cm 叶数:有效叶18～22片 中上部叶定长	株高:120 cm 茎围:9～11 cm 节距:4～5 cm 叶长:70 cm 叶数:有效叶18～22片 下部叶开始采收	株高:120 cm 茎围:9～11 cm 节距:4～5 cm 叶长:70 cm 叶数:上部叶3～4片 上部叶采收结束
田间长相			

　　烟草从一个生育时期到下一个生育时期所经历天数称为生育阶段时间,每个阶段的发育特征、生长中心、主攻目标均不相同,因此须采取不同管理措施为中棵烟生长发育提供保障。烟草生长发育阶段特征及管理要点见表2-15。

表2-15 烟草生长发育阶段特征及管理要点

生育阶段	伸根期	旺长期	调控期	成熟期
定义	移栽期-团棵期	团棵期-现蕾期	现蕾期-主采期	主采期-终采期
阶段时间	33～36 d	24～26 d	23～25 d	40～41 d
平均温度	≥21.5 ℃	24.5 ℃	26.5 ℃	≥23.0 ℃

续表 2-15

生育阶段	伸根期	旺长期	调控期	成熟期
发育特征	根系迅速生长,主茎缓慢生长,叶片不断出现,有效叶片发生	根系进一步生长,主茎迅速长高长粗,叶片全部出现,叶面积迅速扩大,下部叶达到定长	合理冠层建成,下部叶逐渐成熟,中部叶达到定长,上部叶继续生长	叶片自下而上逐渐落黄成熟
生长中心	根系	根系、主茎、中下部叶片	中上部叶片	
主攻目标	促根系生长、叶片发生	保旺长,促叶壮秆	控株型、建冠层	促中上部叶充分成熟
主要措施	壮苗适期移栽,提高低温,水肥一体,增土壤氮库	科学运筹水肥供应,适时追肥,保障灌溉,现蕾揭膜培土	合理打顶留叶,清理底脚叶,注意排水防涝,防止底烘	控水防涝,成熟采收
田间长相				

3. 烟草叶片生长发育规律

烟草叶片一生分为分化期、发生期、定长期、成熟采收期,某一品种叶片达到各发育时期所需有效积温基本恒定,不同品种叶片达到各发育时期的时间和有效积温略有差异。烟草叶片生长发育时期规律和阶段规律分别见表 2-16、表 2-17。

表 2-16　烟草叶片生长发育时期规律

时期	分化期	发生期	定长期	采收期
发育特征	茎顶端分化出叶原基,称为分化期	叶原基分裂分化,叶极性轴建立,叶长 0.1 cm,称为发生期	叶片基本达到最大叶长值,叶长 60～70 cm,称为定长期	叶片达到成熟,称为采收期。

续表 2-16

时期		分化期	发生期	定长期	采收期
下部叶 (第 3 叶)	栽后时间	9～10 d	15～16 d	56～57 d	80～82 d
	有效积温	86 ℃	157 ℃	714 ℃	1 129 ℃
中部叶 (第 11 叶)	栽后时间	19～20 d	25～26 d	69～71 d	96～98 d
	有效积温	205 ℃	275 ℃	910 ℃	1 345 ℃
上部叶 (第 20 叶)	栽后时间	29～30 d	35～37 d	85～87 d	115～120 d
	有效积温	320 ℃	405 ℃	1 205 ℃	1 680 ℃

表 2-17　烟草叶片生长发育阶段规律

时期		生长期	成熟期
定义		发生期至定长期	定长期至采收期
特征		幼叶经细胞分裂、分化、伸长，腔隙扩展，达到最大叶长值	叶片定长后逐渐衰老，光合产物转化为致香物质，最终达到成熟
下部叶 (第 3 叶)	阶段时间	40～41 d	24～26 d
	平均温度	23.5 ℃	26.5 ℃
中部叶 (第 11 叶)	阶段时间	43～45 d	27～29 d
	平均温度	24.5 ℃	25.5 ℃
上部叶 (第 20 叶)	阶段时间	50～51 d	33～35 d
	平均温度	26.0 ℃	23.5 ℃

第三章

土壤健康管理

一、合理种植制度

　　烤烟是一种忌连作作物，常年连作能导致烟田土壤板结，养分失调，抑制土壤生物化学过程，烟田有害物质逐年积累，病虫害程度增加，严重影响烟株正常生长发育，造成产量和质量的降低。因此，采用合理的烟田轮作、间作种植制度，是解除连作障碍、改善土壤性状的重要举措。

1. 轮作模式

　　烟草的轮作周期指同一地块从当年种植烟草到下一次再种植烟草的间隔年限，例如四年轮作（一年种植烟草，三年种植替代作物）、三年轮作（一年种植烟草，两年种植替代作物）、两年轮作（两季烟草之间种一季或两季替代作物）等。轮作的主要目的之一是尽可能长时间地消除烟草病原体及其寄主植物，因此，轮作周期越长，防病效果越好。生产上提倡一年一轮作，保证三年一轮作。轮作的前茬作物最好是地瓜、药材、花生、小米，忌前茬为茄科、葫芦科等作物的地块和前茬施用

28

28

氯化钾和(或)碳铵的地块。

轮作换茬的作用:减轻农作物病虫草害,协调、改善和合理利用茬口,协调不同茬口土壤养分供应,改善土壤理化性状,调节土壤肥力,利用农业资源经济有效地提高作物产量。

生产上要以烟叶质量为唯一标准确立3个必须调整:一是烟叶内化学成分关键指标不达标的必须调整;二是土壤质地不符合优质烟生产标准的必须调整(包括水源水质不达标、病害发生较重的烟田);三是连作时间超过3年的必须调整。

目前,兰陵烟区常见的轮作模式有烟草 油菜复种轮作(图3 1)、烟草—大蒜复种轮作(图3-2)等,亩效益可增加25%以上。

图 3-1 烟草—油菜复种轮作

2. 间作

间作是指在同一田块内,两种或两种以上生育季节相近的作物,分行或分带间隔种植的方式。

图 3-2　烟草—大蒜复种轮作

目前,间作种植模式主要为"2//2"间作模式,如烤烟和红薯(丹参)间作,烤烟垄距 110 cm,红薯(丹参)垄距 80 cm。对轮作换茬难度大的老烟区,可因地制宜实行烤烟和红薯或中药间作,使现有土地资源最大限度地得到休整。实行地块内轮作,可以"化整为零",变"大调整"为"小调整"。如今年种烟的烟行,来年可以种植红薯,红薯行可以种烟,在本块地内实现轮作换茬,进一步改善土壤结构,有效减少土传病虫害的发生,优化烤烟生长环境,改善通风透光条件,有利于防病和土壤保育,提高烟叶质量。

3. 烟草—油菜复种轮作种植模式技术规程

烟草—油菜一年两熟复种轮作种植模式将一年种植周期分为四个部分,分别为油菜种植季、油菜—烟草茬口衔接、烟草种植季以及烟草—油菜茬口衔接,每个部分由多个步骤构成。

(1)烟草—油菜茬口衔接(10~15 d)

本部分技术规程主要为整地和施基肥。

时间:9月下旬。

整地要求:烟草收获结束后及时拔除烟梗、烟根,机械旋耕、耙平,要求地面平整,一般旋耕深度以 15～20 cm 为宜。

施肥要求:结合整地进行施肥,肥料用量为饼肥 50 kg/亩,复合肥(N:P_2O_5:K_2O=10:5:8)50 kg/亩,硼肥 1 kg/亩。

(2)油菜种植季(230～235 d)

①播种

品种选择:抗寒早熟品种,推荐白菜型品种天油 142、甘蓝型品种秦优 11004。

时间:9月30日至10月上旬。

播种要求:建议播种量 300 g/亩,播种深度 3～5 cm,行距 20 cm。播种后根据土壤墒情及天气情况及时灌溉,保证出苗整齐。

②冬前管理

时间:出苗后至冬前。

内容:a.间苗定苗。对出苗稠密现象进行田间调整,拔出部分过分拥挤的幼苗,使株间具有必需的营养面积。油菜出苗 14 d 后,在 3～4 片真叶期进行间苗,使株间距保持在 6～7 cm。b.防冻保苗。主要有两条措施。一是灌好冬水,一般在日平均气温降至 4～5 ℃时(11 月下旬至 12 月上旬)进行冬灌 1 次,灌溉量为 50 m^3/亩;二是壅根培土,越冬前采取培土壅根措施,把外露地面的根连同叶柄薹部用土掩埋,盖土一般在灌水后土能散开时进行,盖土深度一般为 5 cm 左右。

③返青期管理

时间:返青期至抽薹期。

内容:a.春灌保墒。宜在 3 月上旬土壤解冻后及时灌溉,灌溉量为 40 米³/亩,促进油菜早发稳长;结合春灌施好返青抽薹肥,每亩施用尿素 3～5 kg。b.中耕松土。油菜返青后及时中耕除草,疏松土壤,防止春后倒伏。

④蕾薹期、花角期管理

时间:抽薹期至结角果。

内容:a.排水抗旱。若春雨较多,应及时排水防渍;春雨较少,若土壤田间持水量低于60%,应及时灌溉抗旱。b.辅助授粉。主要借助放养蜜蜂帮助传粉或人工赶粉。

⑤成熟收获

时间:天油142品种5月15日收获,其他品种5月20日收获。

收获要求:于角果黄熟期进行机械收获,此时主花序角果已转现为枇杷黄色,有光泽,近基部分枝的角果开始褪色,中上部也转现黄绿色。可收获籽粒同时粉碎秸秆进行还田。

(3)油菜—烟草茬口衔接(7~10 d)

本部分技术规程主要为整地、起垄、施基肥、覆膜。

时间:5月20日。

整地要求:油菜秸秆粉碎还田后进行机械深耕、耙平,要求地面平整,一般深耕深度以20~25 cm为宜。

起垄施肥覆膜要求:机械起垄施肥,垄距110 cm。起垄时将全部有机肥料与30%的无机氮肥、全部的磷肥和30%的钾肥双侧条施于垄底,距垄顶20~25 cm,同时铺设滴灌带覆膜。总氮用量为4.5~5.0 kg/亩,有机氮占总氮的比例为40%,$N:P_2O_5:K_2O=1:1:2.8$。

(4)烟草种植季(105~108 d)

①育苗(本步骤在育苗大棚实现,不占用大田时间)

品种要求:当地主栽品种(中川208、云烟301、中烟100、NC55等)。

播种时间:3月25日左右,成苗时间55 d。

成苗标准:7叶1芯,株高10 cm。

②移栽

移栽时间:6月5日。

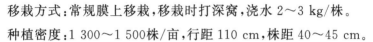

移栽方式:常规膜上移栽,移栽时打深窝,浇水 2～3 kg/株。

种植密度:1 300～1 500株/亩,行距 110 cm,株距 40～45 cm。

③伸根期管理

时间:移栽后至团棵期(0～30 d)。

内容:a.查苗补苗。移栽后 5～7 d,查看烟苗成活情况,烟苗未成活的及时补栽、浇水,保证苗全、苗齐。b.灌溉促根。移栽后 20 d,灌溉 1 次,保证根系生长发达。

④旺长期管理

时间:团棵期至现蕾期(30'～55 d)。

内容:a.灌溉施肥。移栽后 35 d,灌溉 1 次,并以水带肥,施用50%的无机氮肥和30%的钾肥;移栽后 50 d,灌溉 1 次,并以水带肥,施用20%的无机氮肥和40%的钾肥。b.揭膜培土。移栽后 45 d,将烟垄上地膜揭掉取出,并中耕培土。

⑤成熟期管理

时间:现蕾期至采收结束(55～108 d)。

内容:a.打顶抹杈。烟株中心花开放时(约移栽后 65 d),进行打顶,留叶 16～18 片,并抹抑芽剂,有烟杈的要及时抹除。b.去除底脚叶。打顶后及时去除无采收价值的底脚叶,改善田间通风透光条件。

⑥成熟采烤

时间:8 月 15 日下部叶开始采收,9 月 23 日上部叶采收结束。

采收要求:各部位烟叶正常成熟时进行采收,分 3～4 次采收完毕,上部 6 片叶成熟一次性采收。

二、合理耕作

1. 深耕整地

推行烟田深翻深松耕作技术,基本烟田做到每年深耕一次。冬闲烟田于冬前深耕深翻,一般在秋收结束后趁土壤湿润时进行。耕翻前要将所有烟秸、残留地膜、杂草及杂物清理出烟田,以消灭病虫害的越冬寄主。封冻前要耕翻完毕,深耕要求打破犁底层,深度 30 cm 以上。

春季解冻后,于 3 月 15 日之前进行耙糖,打碎坷垃、整平地面、保墒备用。合理设置、深挖烟田排水沟,便于防涝排水,同时防止不同烟田灌溉水或雨水串灌,从而减少根茎类病害的发生。

2. 秸秆还田

种植油菜、小麦等烟田待轮作作物收获后,将秸秆粉碎深翻还田;也可利用玉米秸秆还田,将玉米秸秆粉碎后平铺于烟田,经过深翻耙耕后增加土壤有机质和矿质营养元素含量。优质腐熟秸秆还田,普通棕壤 7 500 kg/hm²,淋溶褐土 3 750 kg/hm²,潮褐土 2 250 kg/hm²。秸秆还田可以促进土壤团粒结构形成、提高土壤通透性、增加土壤微生物数量,有效增加土壤养分和活性有机碳含量,降低土壤容重以及土壤穿透阻力,提升土壤田间持水量。秸秆粉碎长度为 1 cm 与 5 cm 效果较好,而 1 cm 处理能够显著提升土壤蔗糖酶与脲酶活性。

深耕深翻加秸秆还田技术,可以解决土壤板结、耕作层较浅等问题。

三、培肥土壤

1. 增施有机肥

兰陵烟区以大豆有机肥和成品有机肥施用为主。大豆有机肥在使用前需提前发酵,每 100 kg 大豆粉碎后加入 25～30 kg EM 菌稀释液混合堆垛,塑料薄膜盖严,保温密封,每 5 d 左右翻堆一次。将发酵大豆和其他基肥搅拌均匀、起垄施用,每亩施用 40 kg。商品有机肥以经 ISO 质量检测合格的产品为主,作为基肥一次性施入,每亩施用 40 kg。

施用腐熟大豆有机肥明显改良了土壤主要化学性质,土壤有机质、氮、磷和钾等指标均有不同程度提升,其中,有机质、碱解氮、速效钾含量分别较常规施肥增加了 11.29%、5.12%、16.57%,有效磷提升幅度较小(表 3-1)。增施腐熟大豆有机肥后,烤后烟叶杂色烟率和微带青烟率均有所下降,橘黄烟叶产出比例提高了 1.72%;每千克均价增加了 0.63 元,亩产值提高了 202.72 元(表 3-2)。增施腐熟大豆有机肥后,烟叶总糖和还原糖含量均有所提升,总烟碱含量下降,内在化学成分指标更加协调一致(表 3-3)。

表 3-1 不同施肥方式对土壤化学性质的影响

处理	有机质 /(g/kg)	碱解氮 /(mg/kg)	有效磷 /(mg/kg)	速效钾 /(mg/kg)
常规施肥	13.46	57.17	23.38	237.45
增施腐熟大豆	14.98	60.10	23.66	276.80

表 3-2 不同施肥方式对经济效益的影响

处理	杂色烟率 /%	微带青烟率 /%	橘黄烟率 /%	均价 /(元/kg)	亩产值 /(元/亩)
常规施肥	2.53	3.69	93.78	30.22	4 100.85
增施腐熟大豆	2.25	2.36	95.39	30.85	4 303.57

表 3-3 不同施肥方式化学成分指标调查表

处理	总糖 /%	还原糖 /%	总植物碱 /%	总氮 /%	钾 /%	氯 /%
常规施肥	23.68	18.98	2.34	1.99	1.68	0.34
增施腐熟大豆	24.39	20.01	2.21	2.04	1.7	0.38

2. 绿肥还田

种植翻压绿肥是改善烟田土壤理化性质,维持与提高土壤肥力的重要措施。绿肥还田一般就地种植就地翻压,既节约了劳动成本,又休养了地力。绿肥作为一种烟草有机肥资源,不同的种类,其养分含量和 C/N 等因素也各异。绿肥翻压后的分解矿化受土壤温度、水分条件、pH、土壤质地、施肥条件及土壤微生物等因素影响;同时,各烟区生态条件也是影响绿肥分解矿化的重要因素。绿肥翻压后效果直接影响烟株的生长发育及烤后烟叶品质。

山东烟区主要绿肥类型有冬牧 70、黑麦草、大麦、紫云英、毛叶苕子、二月兰、大青叶等。9 月中旬烟田采收结束后开始播种,翻压时间一般在烟苗移栽前 30 d 左右。如果翻压时间较早,绿肥生长时期较短,仍十分稚嫩,会导致有机养分积累不足;如果翻压时间过晚,绿肥已开始老化,茎部和叶片中储存的养分较少,在土壤中不容易被分解,无法释放出足够的养分。翻压不同绿肥后,土壤有机质、碱解氮、有效磷和速效钾等含量见表 3-4,微生物数量见表 3-5。

表 3-4　翻压不同绿肥后土壤的养分含量

绿肥品种	pH	有机质/(g/kg)	碱解氮/(mg/kg)	有效磷/(mg/kg)	速效钾/(mg/kg)
冬牧 70	6.3	25.8	163.0	39.9	231.2
黑麦草	6.5	25.9	169.0	35.5	139.0
大麦	6.2	27.1	155.2	44.3	303.2
紫云英	6.2	26.8	174.0	78.6	361.1
毛叶苕子	6.2	25.7	127.1	44.8	326.5

表 3-5　翻压不同绿肥后土壤的微生物数量

绿肥品种	细菌/(10^5/g)	真菌/(10^3/g)	放线菌/(10^4/g)	硝化细菌/(10^4/g)	反硝化细菌/(10^4/g)
冬牧 70	154.0	25.9	249.6	85.6	171.5
黑麦草	76.5	26.1	274.2	113.1	107.9
大麦	163.9	20.9	277.2	8.6	329.7

续表 3-5

绿肥品种	细菌 /(10^5/g)	真菌 /(10^3/g)	放线菌 /(10^4/g)	硝化细菌 /(10^4/g)	反硝化细菌 /(10^4/g)
紫云英	56.8	33.3	280.5	150.8	107.2
毛叶苕子	99.7	33.9	327.4	45.2	282.3

3. 推广微生物菌肥

因地制宜推广土壤改良剂、调节剂以及微生物菌肥,如土著菌田间扩繁剂、ETS 微生物有机肥和木质泥炭土壤调理剂等,以改良植烟土壤。微生物菌肥能够有效改善土壤物理特性、提高根际土壤微生物种类及有益微生物丰度、调节土壤酸碱平衡和中和酸化土壤;也能有效提高单位面积内土壤真菌和细菌菌落数量,较传统化学肥料,真菌菌落数提高 78.03%,细菌菌落数提高 83.08%,有效增加土壤生物活性和有机质含量、提高土壤有效养分含量,能够满足烟株各个时期生长发育的需求,同时具有抑制土传病害的作用;还能改善土壤理化性质,土壤速效钾、pH、铵态氮、硝态氮和有效磷含量均明显增加,进而可为烟株各个时期的生长发育提供充足的养分。

四、土壤障碍矫正

兰陵部分烟区土壤存在酸化(pH 小于 5.5)、硫含量、盐分含量高等问题,矫正方案如下。

1. 土壤酸化治理

在 pH 小于 5.5 的植烟土壤上施石灰(图 3-3),土壤 pH 可升高 0.7 左右,交换性总酸下降约 30%。石灰施用量根据植烟土壤酸碱度确定,每亩施用量为 60～150 kg,一般不超过 200 kg。考虑石灰土壤施用的后效效应,撒施间隔为 3～5 年。土壤 pH<4.0,用量为

150 kg/亩;pH 为 4.0~5.0,用量为 133 kg/亩;pH 为 5.0~6.0,用量为 60 kg/亩;pH＞6.0,无须施用。白云石粉用量为 100 kg/亩,撒施,耕地前施 50％,耕地后整畦前再施 50％。石灰可快速提高土壤的 pH,还可进行土壤消毒。

图 3-3　施用石灰粉

硅钙钾镁肥是磷石膏、钾长石等在高温下煅烧而形成的碱性土壤调理剂,不仅能调酸改土,还能补充多种大、中微量元素,可有效克服施用石灰等易造成土壤板结的不足,在多种作物上应用效果较好。对土壤 pH＜5.5 的烟田可推广施用硅钙钾镁肥。起垄之前均匀撒施,用量为 100~150 kg/亩;起垄时作为基肥与其他肥料均匀混合使用,用量为 50~70 kg/亩。硅钙钾镁肥可有效提高植烟土壤 pH,适量补足钙、镁中量元素,显著提高烟株大田期综合抗性。同时,硅钙钾镁肥也可提高土壤有效磷、速效钾和有机质含量(表 3-6)。

表 3-6　硅钙钾镁肥对土壤理化性质的影响

施用量	碱解氮/(mg/kg)	有效磷/(mg/kg)	速效钾/(mg/kg)	有机质/%	pH
0 kg	54.66	28.00	168.65	0.33	5.04
100 kg	52.34	30.72	188.62	0.47	5.14

2. 土壤降硫技术

硫是烟草生长必需的中量营养元素,但若土壤中硫含量过高则会对烟叶质量产生不良影响。由于烟草是忌氯作物,所以施用钾肥多采用硫酸钾的形式,长年积累造成土壤有效硫含量过高,烟叶硫含量过高。生产上可从施肥、灌溉、轮作、土壤改良等方面采取措施控制烟叶硫含量。福建、云南中部烟叶硫含量较高且数据变异较大,与杂气呈显著正相关,而四川烟叶硫含量变异较小,且均低于 0.3%,与杂气相关性不显著。此前"山东烟叶主要品质缺陷成因及矫正技术研究"等项目的研究发现,8.6% 的烟叶样品硫含量超过 0.6%,而且在感官质量评价中硫与杂气显著相关。烟叶硫含量较高,感官评价时涩口感强,腥味滞舌,杂气类型丰富;含量过高,甚至会有淡淡硫黄气息。建议烟叶硫含量控制阈值范围为 0.3%~0.6%。

长期定位试验表明,SO_4^{2-}-S 含量在土壤各层次中都有累积,主要分布在 40 cm 以下土壤中;连续施用 33 年后,正常施硫(3.73 kg/亩)处理有效硫含量比无硫处理平均增加 12.8%,5 倍多于正常的高硫处理(20.13 kg/亩);处理有效硫含量比无硫处理平均增加 85.6%,而无硫处理土壤有效硫含量无明显变化,可能与灌溉及干湿沉降等作用将硫带入土壤从而使土壤有效硫保持基本稳定有关。通过计算,33 年来施入含硫肥料的中硫在土壤中的残存率不到 0.5%,施硫量越大,流失量越多。植烟土壤每亩每年施硫 5.22 kg,以每亩耕层土壤 150 t 计算,相当于投入耕层土壤有效硫 34.8 mg/kg。以 0.5% 的残留率计算,每年耕层土壤残留积累有效硫 0.174 mg/kg。山东植烟土壤有效硫含量 19.88 mg/kg,其中 15％的土壤超过 35 mg/kg,经过 28 年这些土壤中有效硫可达到 40 mg/kg。因此,从目前看,需要降低肥料中硫的施用量,可采用硝酸钾或碳酸钾以替代目前含硫的钾肥。表 3-7 为不同碳酸钾替代硫酸钾比例中部叶感官评吸质量情况。

表 3-7 不同碳酸钾替代硫酸钾比例中部叶感官评吸质量情况

碳酸钾替代硫酸钾比例	香气质 15	香气量 20	余味 25	杂气 18	刺激性 12	燃烧性 5	灰色 5	得分 100
0％	11.65	16.60	18.43	12.43	9.09	3.11	3.50	74.81
25％	11.56	16.57	18.46	12.46	9.06	3.10	3.50	74.71
50％	11.61	16.75	18.52	12.55	9.05	3.15	3.50	75.13
75％	11.62	16.79	18.52	12.51	9.11	3.05	3.50	75.10
100％	11.67	16.81	18.63	12.57	8.80	3.25	3.50	75.23

3. 降盐技术

(1)地块调整或改良

历年烟叶感官质量评价与土壤元素分析发现,大部分评吸质量较低烟叶存在氯离子和盐分含量较高的问题。因此,建议在烟叶氯离子、盐分含量较高区域,排查土壤氯离子和盐分含量。对土壤氯离子和盐分含量过高地块建议轮转;土壤氯离子、盐分含量较高地块实行轮作换茬,或利用冬闲季种植油菜、二月兰等绿肥作物,实行深翻,改良土壤。

(2)水利改良措施

通过灌溉淋洗来调控区域水盐运动,改良盐渍化。山东烟区水分条件较好地区,漫灌在起垄前 1～2 个月,每亩灌水 100 m³,围水浸泡,1 周后放水排盐,干后施肥起垄。滴灌可在过了烟草旺长期以后,每周 1 次,1 次每亩灌水 15 m³。

（3）适时揭膜

为了防止土壤毛细管作用将下层盐分吸到表层，需要适时揭膜或采用降解膜。一般在移栽后 30～35 d，或者烟苗进入团棵期（10～12 片叶）时进行。生长缓慢的烟苗，可略微推迟揭膜，但不宜超过移栽后 40 d。揭膜后可立即进行培土，以防垄体失水过多。

4. 外源污染物治理

加强烟田外源污染物治理，严格执行地膜回收制度，揭膜时将地膜回收处理，烟叶采收后再次进行捡拾回收；加强烟田其他废弃物管理，田间操作时将农用物资废弃物带出烟田。

5. 外源重金属控制

兰陵烟区土壤重金属含量均低于土壤质量二级标准，土壤重金属风险处于"安全"等级。外源重金属控制主要是控制肥料和灌溉水中重金属进入土壤中，保护烟区土壤，使其重金属水平不再增加。

（1）土壤重金属源头控制

外源控制主要是制定烟田外源重金属控制规范，主要控制肥料、灌溉水和农药中重金属进入土壤中，保护烟区土壤，使其重金属水平不再增加。烟区进行肥料调整、灌溉水源调整或烟区调整（新增烟区）时，要调查监测烟区相应的土壤、肥料、灌溉水和烟叶重金属含量，确保控制重金属污染风险。肥料产品重金属限量标准见表 3-8，灌溉水重金属限量标准见表 3-9。

表 3-8 肥料产品重金属限量标准　　　　mg/kg

肥料产品	As	Cd	Pb	Cr	Hg
化学肥料	≤50	≤10	≤200	≤500	≤5
有机肥料	≤15	≤3	≤50	≤150	≤2
水溶肥	≤10	≤10	≤50	≤50	≤5

表3-9　灌溉水重金属限量标准　　　　　　　　　　mg/kg

As	Cd	Pb	Cr	Hg
≤0.1	≤0.01	≤0.2	≤0.1	≤0.001

（2）烟区规划

对照烟区规划与全省采矿、工业分布,确保烟区与易造成重金属污染的采矿地点、工业厂区保持一定距离,同时关注矿石堆积、运输及工业废水、废气和固体废弃物等的影响范围,定期对烟区分布作出调整。

（3）烟叶重金属控制策略

烟叶阻控和烟叶消减措施相结合。除控制外源重金属进入外,可对土壤施用拮抗剂,也可对叶片喷施 Zn、P 或生理抑制剂,降低烟草对重金属的积累;还可对土壤重金属进行钝化、吸附等复合技术处理,减少重金属有效性,降低重金属从土壤向烟草的迁移。酸性土壤可以施入碱性矿物（如石灰、白云石粉等）,中性土壤可施入赤泥、油菜秸秆等钝化剂（表 3-10）。

表3-10　烟区重金属控制策略与土壤性质

土壤重金属含量	土壤 pH	控制策略
低		源头控制
中	>6.5	元素拮抗
中	<6.5	土壤钝化消减
高	>6.5	土壤钝化消减
高	<6.5	复合消减

第四章

种植优良品种

坚持择优选种的原则,紧密结合山东中烟对原料的外观质量和内在质量需求,引导烟农主动调整品种布局,不断优化品种结构。在完善现有优质品种良种良法配套技术规范的基础上,加大品种引进和试验示范推广力度,做好后备品种资源筛选。兰陵烟区确定主栽品种为中烟 100、NC55、云烟 301,辅助种植中川 208、中烟特香 301。

一、中烟 100

中烟 100 为中国农业科学院烟草研究所选育。该所以优质、多抗、丰产为主要育种目标,选用兼抗赤星病、黑胫病等多种烟草主要病害、耐低温的自育新品系 9201 为母本,以易感赤星病、对低温反应敏感的优质烤烟品种 NC82 为回交亲本,经杂交、回交聚合目标性状后,采用系谱法选育而成烤烟纯系品种。2002 年通过全国烟草品种审定委员会审定。

1. 中烟 100 主要特征特性

（1）生物学性状

移栽至中心花开放期 59～63 d,大田生育期 120 d 左右;打顶后株高平均 116.0 cm,可采叶数 19～22 片,腰叶长平均 61.0 cm、宽平均 30.0 cm,节距平均 4.9 cm,茎围平均 9.5 cm。

株式筒形,叶形椭圆,叶序 3/8,叶色浅绿,叶面稍皱,叶尖钝尖,叶缘较平,无叶柄,主脉粗细和茎叶角度中等,花序集中,花冠粉红色,蒴果卵圆形(图 4-1、图 4-2)。

图 4-1　中烟 100 单株

图 4-2　中烟 100 叶片

抗黑胫病、赤星病，耐气候斑点病，感青枯病，中感烟草普通花叶病毒(tobacco mosaic virus，TMV)病，中抗烟草黄瓜花叶病毒(cucumber mosaic virus，CMV)病。

(2)经济性状

2019—2021 年，山东烟区品种试验结果，烟叶产量平均2 527.65 kg/hm²，均价 27.69 元/kg，上等烟比例 59.8%。

(3)品质性状

烤后原烟浅橘黄色，颜色均匀，光泽强，结构疏松，油分有至多，身份中等，上中等烟比例高。主要化学成分含量适宜、比例协调，香气质较好，香气量尚足。

2. 中烟 100 栽培调制技术要点

该品种对施肥量适应范围较广，喜肥水，适合中等肥力以上的烟田种植，中上等肥力地块一般施纯氮 75～90 kg/hm²，氮、磷、钾肥配比 1∶1∶(2～3)，栽植密度 16 500～19 500 株/hm²。视田间长相和营养状况于现蕾或中心花开放时打顶，留叶数 19～22 片。

成熟时叶片由下至上分层落黄明显,落黄快且整齐,耐熟性中等,下部叶适熟、中部叶成熟、上部叶充分成熟时采收。易烘烤,耐烤性较好,烘烤特性好。种植须避开根茎病害高发地块和白粉虱易发区域,也要避开黏重黑土地块;对病毒病的自我修复能力较强,但感普通花叶病,易感马铃薯 Y 病毒(potato virus Y,PVY)病,要注意病毒病的综合防治。

二、NC55

NC55 是美国北卡州立大学用(K326×DH1220)×(K326×Coker371-Gold)杂交培育的烤烟品种,1994 年在美国推广种植,2007年,由山东烟草研究院、云南中烟工业有限责任公司从美国金叶种子公司(Goldleaf Seed Company)引进,开始在中国种植。

1. NC55 主要特征特性

(1)生物学性状

该品种为烤烟雄性不育一代杂交种,大田生育期 120 d 左右。平均打顶后株高 110～120 cm,有效叶数 20～23 片,腰叶长 64.3 cm、宽 29.3 cm,节距 4.9 cm,茎围 10.6 cm。田间生长整齐一致,生长势较强。

株式塔形,叶形长椭圆,主脉粗细适中,茎叶角度较小,叶色绿,叶尖渐尖,叶缘波浪状,叶面较皱,花序集中,花冠粉红色(图 4-3、图 4-4)。

中抗黑胫病、青枯病,抗烟草蚀纹病毒(tobacco etch virus,TEV)病和 PVY,感 TMV、赤星病和气候性斑点病。

(2)经济性状

烟叶产量平均 2 370.0 kg/hm²,平均上等烟比例 53.0%,平均上中等烟比例 93.6%。

图 4-3　NC55 单株

图 4-4　NC55 叶片

（3）品质性状

烤后原烟颜色以金黄色为主，成熟度较好，身份稍薄至中等，叶片结构疏松，整体外观质量较好。主要化学成分含量基本适宜，总体较协调。原烟香气透发性好，香气量较足，综合感官质量较好。

2. NC55 栽培调制技术要点

该品种在山东烟区表现较好，适于水肥条件较好的丘陵沙壤土和褐土地块种植，无水源条件、肥力过高的地块不宜种植。亩施纯氮较中烟 100 减少 0.5～1 kg，旺长后期容易出现缺钾症状，需要适当增施钾肥；中等肥力烟田施纯氮量以 67.5～82.5 kg/hm^2 为宜，N：P_2O_5：K_2O 配比为 1：1：3，基、追肥比例以 6：4 为宜。平原地区 5 月 5 日左右移栽，丘陵地区 5 月 10 日左右移栽，种植密度以 16 500～18 000 株/hm^2 为宜。大田期要保证适宜的水分供应，浇足浇透旺长水，否则易出现叶数偏少、上部叶开片不好、比例偏高的问题。长势正常的情况下，应于盛花期打顶，打顶过早易导致矮化。根据烟株长势、地力等因素合理留叶，一般留叶数 20～22 片。该品种下二棚叶片大而薄，含水量多，烟筋粗，容易产生枯烟；耐成熟，要提高中上部烟叶采收成熟度，解决易烤性差的问题。上部 4～6 片叶一次性成熟采收，解决上部叶烤后颜色过深、杂色较多的问题。注意对普通花叶病和赤星病的综合防治。

该品种田间分层落黄较好，较易烘烤，要掌握好成熟采收；比较耐烤，应适当提高变黄段的主要变黄温度，延长变黄时间，促使烟叶失水，达到烟叶变黄失水同步，解决不易失水的问题。在 46～48 ℃拖长时间，促使烟筋充分变黄，解决青筋问题。烘烤采用中温（40 ℃）中湿（38～39 ℃）变黄，高湿（41～42 ℃）两拖（20 h 以上）慢定色，高湿（41～42 ℃）阶段式升温干筋。

三、云烟 301

抗 PVY 云烟 87 新品种"云烟 301"是云南省烟草农业科学研究院、国家烟草基因工程中心在克隆烟草隐性抗 PVY 基因 eif4e1（又称为感 PVY 基因 eIF4E1）、开发功能性分子标记、分析国内外抗 PVY 品种和种质资源基因型过程中，以云烟 87 为母本、Y85×RY2/F2 为父本（携带 eif4e1）杂交，以定向改良云烟 87 的 PVY 抗性为主要目标，通过连续回交、分子标记辅助选择、全基因组基因芯片背景检测等技术培育而成（非转基因）。云烟 301 的遗传背景恢复为云烟 87 的比率为 99.43%，PVY 抗性显著提高，保留了云烟 87 的栽培烘烤特性、原烟风格特征和感官质量。云烟 87 在打顶后 PVY 发病率达到 1% 的种植区，种植云烟 301 可减轻病害，具有良好的推广价值。

1. 云烟 301 主要特征特性

（1）生物学性状

云烟 301 株式塔形，叶片长椭圆形，叶色绿，茎叶角度中，田间长势强，烟株整齐度较好，分层落黄特征明显。大田生育期平均为 125.7 d，与云烟 87 和 K326 相当。田间生长整齐一致，生长势强，分层落黄特征明显，较易烘烤。平均打顶株高 122.45 cm，稍高于对照品种云烟 87；平均有效叶片数 20.41；平均茎围 10.79 cm；平均腰叶长 78.64 cm，宽 30.92 cm；有效叶片数、茎围、腰叶长宽与对照云烟 87 相当（图 4-5、图 4-6）。

（2）主要经济性状

在 PVY 发病率低于 1% 的情况下，云南昭通云烟 301 的亩产量 185.14 kg、亩产值 4 899.58 元，上等烟比例 50.1%，与对照品种云烟 87 相当，显著优于对照品种 K326。在昭通昭阳区 PVY 高发病区，

图 4-5　云烟 301 田间植株

图 4-6　云烟 301 叶片

2016—2017 年品系比较结果表明,云烟 301 表现为高抗,PVY 的发病率为 0,而对照品种云烟 87 打顶后 PVY 发病率为 22.0%。云烟 301 主要经济性状明显优于对照品种云烟 87,平均亩产量、亩产值和上等烟比例高于云烟 87,表明云烟 301 替代云烟 87 可有效挽回 PVY 病害造成的产量和质量损失。

（3）抗病性

云烟 301 抗 PVY,中抗黑胫病、根结线虫病和青枯病,中感赤星病和 TMV。对照品种云烟 87 中感 PVY,中抗黑胫病、根结线虫病和青枯病,中感赤星病和 TMV。云烟 301 的 PVY 抗性显著高于对照品种云烟 87,对其他病害的抗性与对照品种云烟 87 相当。

（4）品质性状

云烟 301 初烤烟叶颜色橘黄,成熟度好,叶片结构疏松,身份中等,油分有,色度中,整体外观质量与对照品种云烟 87 相当。

云烟 301 中部烟叶厚度平均 0.139 mm,叶面密度平均 70.58 g/m²;单叶重量在 11.43～17.44 g,平均 13.69 g;平衡含水率平均 12.80%;含梗率平均 31.94%。与对照相比,云烟 301 品种烟叶的含梗率略高,其余指标不存在稳定差异。

云烟 301 中部烟叶总植物碱含量在 1.73%～3.44%,平均 2.59%;总氮含量 1.72%～2.59%,平均 2.13%;还原糖含量 16.06%～26.68%,平均 20.98%;钾含量 1.65%～1.89%,平均 1.79%;淀粉含量 3.29%～4.58%,平均 3.73%。各化学成分含量均在适宜范围之内,内在化学成分协调性较好,与对照品种云烟 87 相当。

云烟 301 与对照品种云烟 87 总体风格特征一致,各项质量指标无明显差异,感官质量评价总体一致,风格特色彰显程度一致。

2. 云烟 301 栽培调制技术要点

云烟 301 在兰陵西部种植适宜的移栽期为 5 月上旬至 5 月下旬。由于播种至成苗比 K326 提前 5～8 d,因此应注意适时播种,适时移栽。云烟301适于在中上等肥力地块种植,其耐肥性比 K326 稍低,一般亩施纯氮 7~8 kg,并注意 N、P、K 的合理配比,一般为 1:1.5:(2.5~3)为宜。由于云烟 301 大田前期生长缓慢,因此基肥一般占1/3,追肥 2/3,分两次追肥较为适宜。云烟301下部叶片节距稀,有利于田间通风透光,叶片分层落黄,采收时须严格掌握成熟度,成熟采收,不采生叶。栽植密度因地而宜,一般烟田亩栽 1 100 株,留叶数18~20 片。云烟 301 叶片厚薄适中,田间落黄均匀,易烘烤,其变黄定色和失水干燥较为协调一致。烘烤变黄期温度 36~38 ℃,定色期温度52~54 ℃,将叶肉基本烤干,干筋期在 68 ℃以下,烤干全炉烟叶,以保证香气充足。

云烟 301 在不同生态区试点的稳定性、适应性和丰产性表现良好。该品种需氮肥中等,与云烟 87 相当。云烟 301 在临朐西部种植适宜的移栽期为 5 月上旬至 5 月下旬,在东部适宜的移栽时间为 5 月上旬至 5 月中旬。N、P_2O_5、K_2O 配比 1:1:3。移栽后及时浇施提苗肥,移栽后 30 d 内施完追肥为宜。中心花开放打顶,有效留叶数 20 片。打顶时摘除 2 片无效底脚叶,以改善田间通风透光条件,提高下部烟叶成熟度。可以参照云烟 87 烘烤工艺和技术进行烘烤。

四、中川 208

中川 208 是根据卷烟工业和烟叶生产对烟叶质量性状和经济性状的需求,以优质、适应性强、抗 TMV 为主要育种目标,在保证烟叶质量的前提下,兼顾抗病性、经济性状等重要指标,以优质稳产、适应性较强的烤烟品种中烟 103 的雄性不育同型系 MS 中烟 103 为母本,优质、抗病的烤烟品系 T136 为父本,选育而成的烤烟雄性不育杂交种。

1. 中川 208 主要特征特性

(1)生物学性状

移栽至中心花开放 65 d 左右,大田生长期平均 125 d 左右。平均打顶株高 125.0 cm 左右,可采叶数 20.0 片左右,腰叶长 73.0 cm 左右、宽 34.0 cm 左右,节距 6.5 cm 左右,茎围 10.0 cm 左右。与 K326 相比,中川 208 株高较高,茎围略粗,腰叶略短、略宽。

株式塔形,田间生长势强,主要植物学性状表现整齐一致(图 4-7)。着生叶数 24 片左右,叶长椭圆形,叶面稍皱,叶色绿,叶尖渐尖,主脉中等,茎叶角度中等,节距中等(图 4-8),花枝较集中,花冠粉红色,蒴果卵圆形。

图 4-7　中川 208 单株

图 4-8　中川 208 叶片

对 TMV 免疫,中感至中抗黑胫病、根结线虫病,感至中抗 CMV 和 PVY,感至中感青枯病、赤星病。

（2）经济性状

2019—2021 年,山东省烤烟品种试验结果显示,烟叶产量平均 2 400.30 kg/hm²,均价 28.81 元/kg,上等烟比例 56.0%。

（3）品质性状

综合郑州烟草研究院对全国区试样品质量评价结果及农业农村部烟草产业产品质量监督检验测试中心对原烟样品质量评价结果,中川 208 原烟外观质量优于 K326 及云烟 87;烟叶钾含量较高,各化学成分含量均在适宜范围之内,内在化学成分协调性较好;感官质量优于云烟 87,相当于 K326。

2. 中川 208 栽培调制技术要点

该品种田间生长势较强,适于在中等肥力及以下地块种植。尤其适于丘陵沙壤土,要避开高肥力地块。对氮肥较敏感,过大不易烘烤,

过小影响烟株的开片。因此,适量施氮是种植要点,并注意适量增施钾肥。成熟期叶片自下而上分层落黄明显,较耐成熟。该品种叶片含水量略大,烘烤时变黄速度略慢,需根据实际情况适当延长变黄时间,注意排湿。注意对青枯病和 PVY 的预防。

五、中烟特香 301

中烟特香 301 是中国农业科学院烟草研究所、中国烟草总公司山东省公司、湖南中烟工业有限责任公司为适应烟草生产对优质、适产、抗病性烤烟品种的需求,及卷烟工业对烟叶高香气和特征香韵风格的需要,从甲基磺酸乙酯(EMS)诱变中烟 100 创制的大量突变体中,通过人工闻香并结合气相色谱质谱联用仪(GC-MS)的挥发性香气成分检测鉴定出的一份具有玫瑰香韵(怡人香)的高香气突变材料,采用系谱法选育而成的烤烟品种,是烟草基因组计划实施以来第一个品质定向改良的特色香气烤烟新品种。

1. 中烟特香 301 主要特征特性

(1)生物学性状

移栽至中心花开放 65～70 d,大田生育期 130 d 左右。2016—2019 年山东、河南和云南等地小区和生产试验结果显示:平均打顶株高 113.0 cm,可采叶片数 19.4 片,茎围 10.8 cm,节距 5.5 cm,腰叶长 74.7 cm、宽 28.9 cm。

株式塔形(图 4-9),叶长椭圆形,叶面略皱,叶片厚度中等,叶色绿,茎叶角度中等,主脉粗细中等至较粗,节距中等(图 4-10),花序较集中,花冠粉红色,蒴果卵圆形。

与对照品种中烟 100 比较,中烟特香 301 株高稍矮,可采叶数略少,茎围稍粗,节距略短,叶片较长、略窄。

抗赤星病,中抗黑胫病和 TMV,中感 PVY 和 CMV,感青枯病。

图 4-9　中烟特香 301 单株

图 4-10　中烟特香 301 叶片

（2）经济性状

2018—2021年,山东产区的试验结果显示,中烟特香301在山东烟区平均产量2 379.00 kg/hm²,均价28.40元/kg,上等烟比例66.2%,平均中上等烟比例96.4%。

（3）品质性状

中烟特香301烤后原烟柠檬黄至橘黄,颜色均匀,成熟度较好,叶片结构疏松,身份中等,油分由有至多,色度中等,整体外观质量与中烟100相当。主要化学成分还原糖、总糖和钾含量较高,总植物碱和氮含量略低;各主要化学成分含量在适宜范围之内,整体协调性较好。工业评价中烟特香301和中烟100香型风格基本一致,凸显程度较高,其花香香韵、青香香韵明显,果香香韵略有增加,整体质量优于中烟100。经国家烟草质量监督检验中心检测,与对照相比,中烟特香301主流烟气总粒相物、焦油、烟碱含量,以及7种有害成分(CO、氰化氢、N-亚硝胺、氨、苯并[a]芘、苯酚和巴豆醛)含量普遍降低,以苯并[a]芘、苯酚含量降低最为显著。

2. 中烟特香301栽培调制技术要点

该品种在黄淮区,需氮量与中烟100相当,N、P_2O_5、K_2O配比1：(1~2)：3,种植密度以每亩1 000~1 100株为宜,单株留叶数18~22片,中心花开放时打顶。烟叶成熟特征明显,采用三段式烘烤工艺,易烘烤。叶片含水量稍大,宜采用低温变黄,适当延长定色时间。注意对青枯病、PVY、CMV等病害的防治。

第五章

培育无病壮苗

一、漂浮育苗

　　烤烟漂浮育苗技术是指将烟草种子通过直播的方式播种在育苗盘上的基质中，并将育苗盘放置在营养液中使其漂浮，在人工创造的条件下，提供烟苗生长所需的光、温、水、氧气、营养物质等，使烟苗正常生长发育。漂浮育苗能够为烟苗提供更适宜的生长环境，促进烟苗更好地生长发育，苗期短、质量高，可降低病虫害发生概率，提高整齐度和壮苗率，也可减少育苗用地，提高土地利用率，增加整体经济收益。漂浮育苗为目前兰陵烟区主要应用的育苗方式。

　　1. 适龄壮苗标准

　　(1)常规移栽　苗龄60～65 d，真叶8～10片，茎高8～10 cm，茎围2.2～2.5 cm；烟苗清秀无病，叶色绿，叶片稍厚，根系发达，茎秆柔韧性好，烟苗群体均匀整齐。

　　(2)井窖式移栽　苗龄55～60 d，真叶6～7片，茎高6～8 cm，茎围2.0 cm左右；烟苗清秀无病，叶色绿，叶片稍厚，根系发达，烟苗群体均匀整齐。

2. 苗床准备

根据漂浮育苗盘的规格设计育苗池的尺寸,育苗池的深度16～18 cm,长度、宽度是育苗盘长、宽整数倍多2 cm。育苗池底部平实,底面水平高度差不超过1 cm,用0.07 mm的薄膜垫底。

3. 适期播种

(1)播种时间

播种时间根据移栽时间倒推55～60 d确定,漂浮育苗播种时间为3月10—15日。

(2)装盘播种

育苗盘规格要求:孔径(边长)25～40 mm。

装盘前先将基质加水搅拌均匀,达到手握成团,触之即散的效果。装盘时把基质放在盘面上,用木板将基质均匀推入苗穴,刮平后抬离地面30 cm,蹾2次后备播。播种时要先进行试播,调整压穴器深度为3～5 mm,使包衣种子播在穴内正中;每穴播1粒包衣种子,并由专人进行补种,保证有率100%。播种后的苗盘不喷水裂解,边装盘、边播种、边放入育苗池。

4. 苗期管理

(1)水肥管理

苗池水深度保持在8～10 cm,成苗后可保持在5 cm左右,移栽前断水炼苗。若使用非自来水,每千克水可用10～15 mg漂白粉粉剂直接撒于营养池中消毒。

施肥应该掌握"前高后低,温度低时高,温度高时低"的原则,并根据苗床中水的容量计算施入肥料的量。第一次施肥应在出苗后施入0.15%氮素浓度的肥料;播种后第6周进行第二次施肥,氮素浓度为0.10%;移栽前2周,根据烟苗长势酌情施肥,氮素浓度为0.05%。每次施肥时要检查苗床水位,若水位下降要注入清水至起始水位。

（2）温湿度管理

出苗到十字期,以保温为主。晴天中午 12～14 时,若棚内温度高于 30 ℃,应及时通风,下午及时盖膜。从大十字期到成苗,随着气温升高,要特别注意通风,避免棚内温度过高产生热害。成苗期应将棚膜两边卷起至顶部,以加大通风量,提高烟苗抗逆性。

播种后当发现棚内雾气较大或较长时间低温阴雨时,即使棚内温度已低于 18 ℃,也必须适当通风排湿;连续阴雨天每隔 2～3 d 于中午通风 1～2 h,以降低棚内湿度。

（3）剪叶

在出苗后 35 d 左右,烟苗长有 5～6 片真叶,有明显封盘时进行第一次剪叶,剪叶刀口离生长点 3～4 cm,剪去叶片 1/3;以后每 5～7 d 修剪一次,每次剪去大苗大叶的 1/3～1/2。

（4）锻苗

烟苗 5 片真叶后应逐步进行锻苗,即打开棚膜(保留防虫网),加强光照和通风,使烟苗完全接触外界环境;若育苗后期气温较高,可昼夜通风。移栽前 7～10 d 排掉营养液,断水断肥。当烟苗萎蔫早晨不能恢复时喷水,使叶片挺直。如此反复,干湿交替使烟苗逐渐适应缺水环境。

5. 苗期病虫害防病

防治病虫害要坚持预防为主的原则,消除病原,控制发病条件。避蚜防病,全程覆盖 40 目以上防虫网;间苗、定苗、剪叶操作时叶面喷施倍波尔多液;移栽前 1 天喷施防蚜虫、防根茎病害药物,带药下田移栽。

二、悬空水培育苗

悬空水培育苗即将播种后的苗盘摆置于悬空苗床之上,利用自动喷淋系统完成烟种裂解、水分管理和营养供给等水肥精准管理,使用水帘风机、燃气保温等措施进行温湿度精准控制(图5-1)。悬空水培育苗全过程水分、养分管理精准,成苗大小、成苗时间可精准控制;烟苗茎秆更加粗壮,根系更加发达;烟苗成苗率高;烟苗之间独立生长,根系在盘穴内不相互接触,病害传播概率低。

图 5-1 悬空水培育苗

不同育苗方式成苗期主要农艺指标调查表见表 5-1。

表 5-1 不同育苗方式成苗期主要农艺指标调查表

处理	株高/cm	茎围/cm	一级侧根数量/条	二级侧根数量/条	根系体积/ml
漂浮育苗	5.51	1.34	86.9	157.6	0.74
悬空水培育苗	5.65	1.47	99.1	183.2	0.93

不同育苗方式出苗、成苗情况及移栽成活率调查表见表 5-2。

表 5-2 不同育苗方式出苗、成苗情况及移栽成活率调查表

处理	出苗天数/d	出苗率/%	成苗天数/d	成苗率/%	移栽成活率/%
漂浮育苗	14	95.9	59	92.3	98.3
悬空水培育苗	9	97.6	51	98.5	99.5

不同育苗方式大田病害发生情况调查表见表 5-3。

表 5-3　不同育苗方式大田病害发生情况调查表　　　　%

处理	病毒类病害发病率	根茎类病害发病率	叶斑类病害发病率
漂浮育苗	3.6	4.2	0
悬空水培育苗	3.7	1.5	0

1. 技术原理

(1) 根系培育

育苗盘钵体摆置于悬空苗床之上,烟苗根系从底部透气孔长出时,遇到干燥空气会暂停生长,而没有伸出面盘的无效根系、不定根不断增加,充满整个钵体,可培育发达烟苗根系。

(2) 营养供给

自动喷淋系统和多功能配比泵配合,完成水分和养分供给;根据不同阶段烟苗对水分和养分的需求;实现精准供给,采取叶面喷淋方式,养分吸收更好,肥料利用率更高。

(3) 环境控制

利用风机水帘降温系统和燃气供暖保温系统,实现苗棚温度精准管理,确保烟苗始终处在最适宜的温度范围内生长,锻苗期断肥控水,控制烟苗大小,防止过苗。

2. 设施配套

(1) 悬空苗床

使用手轮式悬空移动育苗床,育苗床由边框、支架和床网 3 部分构成,材质为铝合金或镀锌钢,长、宽、高为 1 100 cm、168 cm、50 cm,通过旋转手轮可使苗床左右移动 30 cm,棚内利用面积 80% 左右。

(2) 自动喷淋系统

由运行轨道和调速性喷灌机组成,主要参数为:运行速度 4～16.5 m/min,喷杆长度 12 m,工作行程 100 m,喷嘴高度 500～600 mm,

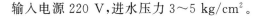

输入电源 220 V,进水压力 3~5 kg/cm²。

（3）风机水帘降温系统

由风机、水帘、进水管、回水管、水泵等组成。风机尺寸1 100 mm×1 100 mm,功率750 W,按照150 m²/台配置;水帘纸厚度为 15 cm,进水口直径 20 mm,出水口直径 50 mm。

（4）多功能配比泵

使用水驱动配比稀释泵（加药器、配肥器）,与自动喷淋系统共同完成追肥和药剂防治。具体参数为流量 0.03~12 gpm(0,11~45.421/mn),配比比例 1:4 000至1:5 000。

3. 技术要点

（1）摆盘裂解

播种后将烟盘逐盘摆放在悬空苗床上,做到"一水平,两对齐"。"一水平"即所有苗盘必须在悬空苗床上水平摆放;"两对齐"即苗盘之间的边缘对齐,边缘苗盘与苗床周边对齐摆放(图 5-2)。摆盘结束后,

图 5-2 托管育苗工作人员摆盘

当天使用自动喷淋系统喷水，确保烟种充分裂解。裂解时喷淋装置慢速往返运行一次性连续给水，确保盘内基质达到最大持水量（图5-3）。摆盘时注意轻拿轻放，防止盘内基质和烟种移位或洒落。

图 5-3　利用自动喷淋系统裂解烟种

（2）水分管理

播种至出苗期前，使用自动喷淋系统每天喷水 2 次，每次喷淋要求盘内基质全部湿透，基质水分保持在最大持水量的 80%～90%。出苗后至锻苗前，基质水分控制在最大持水量的 60%～70%。锻苗至成苗，以控水为主，基质水分控制在最大持水量的 30% 以内，通过控水断肥控制烟苗纵向生长，防过苗。

（3）养分管理

使用水溶性育苗专用肥（氮、磷、钾含量为 20∶10∶20），采用自动喷淋装置进行叶面喷施。第一次施肥在出齐苗时使用，使用浓度为稀释1 200倍液；第二次施肥在烟苗达到小十字期时，使用浓度为稀释1 000倍液；第三次施肥在烟苗达到大十字期时，使用浓度为稀释800倍液。

使用自动喷淋系统进行水分、养分管理时，应确保所有喷头喷洒均匀一致（图5-4）。要视天气、温度及生长阶段确定喷水次数和水量，防止湿度过大或过小影响烟苗正常生长。

图5-4　自动喷淋系统完成肥料管理

（4）温湿度管理

烟苗生长最适宜的温度为25～28 ℃。在锻苗之前，每天于下午5时左右及时关闭通风棚膜，并覆盖保温被保温，保证夜间棚内温度不低于20 ℃；当温度低于10 ℃时，可使用燃气保温供暖系统进行温度补偿；每天上午8时左右掀起棚顶保温被；当棚内温度高于30 ℃时，及时采取加大通风、开启风机水帘系统等降温措施，确保烟苗始终处于最适宜的生长温度。

（5）定苗操作

在 70％左右烟苗进入大十字期时,进行匀苗操作,将烟苗按照大、中、小分成三类分别植于各苗盘中,其中大、中、小苗分别占 70％、20％、10％左右。注意避免大苗遮盖小苗,提高苗盘内烟苗生长均匀度和成苗率。操作前对烟苗喷施一遍病毒抑制剂。注意在操作过程中,每操作 10 株烟苗即对移苗工具喷洒菌毒清溶液进行消毒处理。

（6）卫生操作

把好消毒和卫生关口,定苗、剪叶等操作时,按卫生操作相关要求落实好消毒措施。

第六章

田间定向栽培技术

一、起垄

(1)起垄时间　要结合土壤墒情在 3 月中旬开始,一般要求在 4 月 20 日之前完成起垄。对于地膜覆盖烟田,特别是先覆膜后栽烟和膜下小苗移栽的烟田,更应趁墒早起垄盖膜,保住土壤墒情。

(2)垄体要求　要求起高垄,平原垄高 30 cm 以上,丘陵山地垄高 25 cm 以上,垄体饱满呈弧形,垄行排列整齐,垄底宽依烟行距而定,一般保持两垄及沟宽 20 cm 左右即可。做到垄直、行匀、土细,垄体无较大土块,也无其他刺破地膜的锐利物。

(3)垄行走势　因地制宜,原则上烟田起垄为南北行(利于通风透光);同时,烟田起垄方向应考虑地势、朝阳和排水。易积水烟田要在起垄前一并挖好排水沟。

(4)起垄方法　人工起垄的,起垄前要充分细犁细耙,使烟田土壤疏松,土碎耙平,按规划的垄距划线定位,其后按照双条带施肥方法施入基肥,即可进行起垄,起垄后用锄头或钉耙等整理垄体。机械起垄的,调试好机械设备,按照设定的宽度,实现旋耕与高标准成垄相结合。鼓励大小行起垄,方便烟田操作。

起垄后,根据土壤墒情等因素,可选择先覆膜后移栽或先移栽后覆膜2种覆膜方式。在覆膜时应使地膜与垄面紧紧相贴呈相对密闭状态,覆膜前垄上要喷除草剂。

二、合理施肥

1. 土壤肥力分级及推荐施肥量

利用相对产量对土壤肥力分级,将土壤肥力分为低、较低、适宜、较高和高5个等级,不同土壤肥力分级下施肥基本原则不同。土壤肥力等级为低的区域,施肥目标为培肥地力,施肥基本原则是提高性施肥;土壤肥力等级为较低的区域,施肥目标为增产和培肥地力,施肥基本原则是提高性施肥;土壤肥力等级为适宜的区域,施肥目标为保证产量和品质,维持地力,施肥基本原则是维持性施肥,采用常规施肥量;土壤肥力等级为较高的区域,施肥目标为保证产量和品质,控制环境风险,施肥基本原则是降低环境风险,在常规施肥量基础上减少30%~50%;土壤肥力等级为高的区域,在可行条件下调整种植区划。土壤供氮能力、供磷能力和供钾能力分级见表6-1、表6-2。

表6-1 土壤供氮能力分级

碱解氮含量 /(mg/kg)	有机质含量/%		
	<1.0	1.0~1.5	>1.5
<50	较低	较低	适宜
50~65	较低	适宜	适宜
65~70	适宜	适宜	较高
>70	适宜	较高	较高

表 6-2　土壤供磷能力和供钾能力分级　　　　mg/kg

	等级		
	较低	适宜	较高
有效磷含量	＜25	25～40	＞40
速效钾含量	＜150	150～220	＞220

　　根据氮肥推荐方法及土壤肥力的分级标准,利用 QUEFT 模型,对不同土壤供氮、供磷、供钾能力的土壤,根据目标生物学产量计算获得理论氮肥、磷肥、钾肥推荐用量,结合产区实际,建立不同土壤肥力等级下的肥料推荐用量。具体结果如表 6-3 至表 6-5 所示。

表 6-3　不同土壤肥力下氮肥推荐用量　　　　kg/亩

土壤供氮能力分级	目标产量	氮肥推荐用量
较高	180	2.4～4.5
	170	2.5～3.5
	150	1.5～2.5
适宜	180	4.5～5.5
	170	3.5～4.5
	150	2.5～3.5
较低	180	5.5～6.5
	170	5.0～5.5
	150	4.5～5.0

表 6-4　不同土壤肥力下磷肥推荐用量　　　　kg/亩

土壤供磷能力分级	目标产量	磷肥推荐用量
较高	180	3.7～4.0
	170	3.5～3.7
	150	3.5
适宜	180	4.0～4.5
	170	3.7～4.0
	150	3.5～3.7
较低	180	4.5～5.0
	170	4.0～4.5
	150	3.7～4.0

表 6-5　不同土壤肥力下钾肥推荐用量　　　kg/亩

土壤供钾能力分级	目标产量	钾肥推荐用量
较高	180	13.0~13.5
	170	12.0~13.0
	150	12.0
适宜	180	13.5~14.5
	170	13.0~13.5
	150	12.0~13.0
较低	180	14.5~15.5
	170	13.5~14.5
	150	13.0~13.5

2. 合理施肥原则

为彰显特色,提高烟叶可用性,全面推广测土配方、平衡施肥技术。依据品种特性和土壤检测结果,实施减量化施肥,进一步减氮、增钾,注重有机肥和微量元素肥料的施用。

3. 施肥方式

施肥分为 3 类:①基肥。全部的烟草专用复合肥、硫酸钾、中烟多效生物肥、发酵大豆用作基肥,在起垄时双侧条施法施入垄体。②追肥。2次,第一次使用磷酸二铵,在移栽时溶于移栽水浇穴施入;第二次在团棵期,使用硝酸钾在旺长前以肥水的形式施入。③叶面肥。旺长前期、旺长后期、平顶期喷施磷酸二氢钾,在下午喷施有利于钾的吸收。

4. 施肥关键

根据土壤化验结果、前茬作物、品种及灌溉方式等因素,对产区进行片区划分,合理制定施肥配方,通过调整烟草专用复合肥的用量,确保中等肥力烟田原则上亩施纯氮量不超过 6 kg,其他肥料用量为:中烟多效生物肥 20 kg/亩(含纯氮 0.2 kg)、发酵大豆 20 kg/亩(含纯氮 0.20 kg)、硫酸钾 15 kg/亩(不含氮)、磷酸二铵 2.5 kg/亩(含纯氮

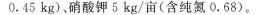

0.45 kg)、硝酸钾 5 kg/亩(含纯氮 0.68)。

通过调整烟草专用复合肥亩用量设置不同地块的施肥差异,有机肥含氮量计入总氮量;同等其他条件下,根据碱解氮含量将地块划分为中下、中中、中上 3 种肥力水平,亩施纯氮量级差为 0.25 kg;同等其他条件下,烤烟茬较地瓜茬每亩多施纯氮 0.2 kg;同等其他条件下,滴灌烟田较非滴灌烟田每亩少施纯氮 0.5 kg。

三、适期移栽

移栽要以实现苗全、苗齐、成活率高和有利于烟苗早发快长为目标,通过选择适宜的移栽时间、科学的移栽方式及合理的移栽密度,保证目标的实现。

1. 适宜移栽期

不同时期移栽导致烟苗生长发育所处的气候条件发生差异,影响烟草发育进程和烟叶产量品质;最适移栽期的选择,实际是调整烟草生长发育进程与气象条件的合理匹配,使其生长处于最佳条件。

(1)移栽期对烟草的影响

研究结果表明,移栽期对烟草生育进程产生显著影响。随移栽期推迟,烟草生育期明显缩短,主要表现:在现蕾之前的营养生长阶段(伸根期、旺长期)和成熟后期,而成熟前期时间基本一致。其原因主要是,随移栽期推迟,气温显著升高,导致生育进程加快而使生长前期时间显著缩短,而不同移栽期烟草生长发育所需有效积温基本一致,符合植物生长积温恒定原理;而晚栽处理成熟后期降温剧烈,烟叶经常在未完全成熟时提前采收,导致生育期显著缩短。而不同移栽期跨度较大时对烟株生长发育有显著影响,移栽期跨度较小时对烟株生长发育影响较小(图 6-1)。

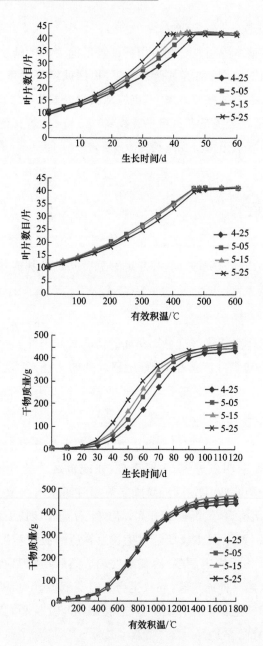

图 6-1　不同移栽期对烟草生长发育规律的影响

移栽期对烤后烟叶外观质量、叶化学成分、感官评吸质量均产生较显著影响,主要表现在随移栽期推迟,烟叶外观质量改善,烟叶糖含量呈现先升高后降低趋势,烟叶淀粉含量降低,烟叶烟碱含量降低,烟叶糖碱比、氮碱比先升高后降低,烟叶化学协调性总体呈现先升高后降低趋势;随移栽期推迟,中部烟叶感官评吸得分呈现先升高后降低趋势,以5月中旬最高,5月下旬略低于4月下旬,差异主要体现在香气质、香气量、余味、杂气、刺激性等指标,而不同移栽期烟叶燃烧性、灰色得分基本一致(图6-2)。不同移栽期烟叶化学成分见表6-6,不同移栽期烟叶感官评吸得分见表6-7。

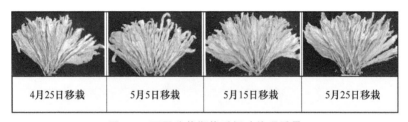

| 4月25日移栽 | 5月5日移栽 | 5月15日移栽 | 5月25日移栽 |

图 6-2 不同移栽期烤后烟叶外观质量

表 6-6 不同移栽期烟叶化学成分

移栽期	还原糖/%	总糖/%	烟碱/%	总氮/%	钾/%	氯/%	糖碱比	氮碱比	钾氯比
4月30日	22.78	25.37	2.19	1.92	1.61	0.27	11.24	0.89	7.82
5月10日	23.68	26.50	2.07	1.83	1.55	0.27	11.85	0.88	7.75
5月20日	21.49	24.18	1.96	1.80	1.77	0.30	11.33	0.91	6.40

表 6-7 不同移栽期烟叶感官评吸得分

移栽期	香气质 15	香气量 20	余味 25	杂气 18	刺激性 12	燃烧性 5	灰色 5	总得分 100
4月30日	10.91	15.73	18.82	12.87	8.75	3.01	3.01	73.11
5月10日	11.03	15.80	19.00	13.10	8.86	3.02	3.01	73.81
5月20日	10.91	15.65	18.74	12.82	8.75	3.02	3.01	72.91

（2）移栽期优化

研究结果表明,生长前期温度是影响烟株生长发育进程和烟叶品质的关键因素。以烟叶质量为评价移栽期的标准,构建各地点不同移栽期示范处理烟叶感官评吸总得分与各处理移栽时温度的回归曲线方程,如图 6-3 所示。根据烟叶评吸得分≥73.5 为较好档次的标准,计算获得优质烟叶移栽时的温度为 17.98～20.40 ℃,可知优质烟叶移栽时气温需高于 18 ℃。前期研究表明,烟叶质量与成熟后期气温也有显著相关关系,计算要获得优质顶叶,采收时温度需高于 20 ℃。

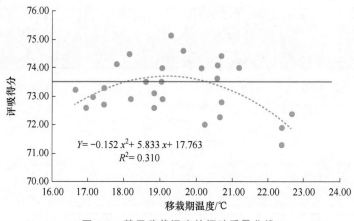

图 6-3　基于移栽温度的烟叶质量曲线

山东代表性烟区近 50 年烟草大田生育期内逐日平均气温变化如图 6-4 所示。各地区气温变化规律基本一致,均呈现先升高后降低规律,以 7 月下旬最高。另外,5 月上旬至 5 月中旬这段时间有气温先升高后明显下降的现象。

计算了兰陵烟区近 50 年不同保证率下稳定通过 18 ℃ 的起始时间与到 20 ℃ 的终止时间,如表 6-8、表 6-9 所示。在保证率≥60％的情况下,稳定通过 18 ℃ 的起始时间为 5 月 11 日,稳定通过 20 ℃ 的截止时间为 9 月 20 日。

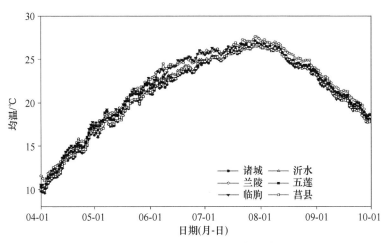

图 6-4 山东烟区近 50 年年平均气温变化规律

表 6-8 兰陵烟区不同保证率下稳定通过 18 ℃起始至 20 ℃终止的时间

保证率	起始日期(月-日)	终止日期(月-日)	天数/d
≥50%	05-08	09-22	137
≥60%	05-11	09-20	132
≥70%	05-14	09-19	128
≥80%	05-19	09-16	120
≥90%	05-23	09-14	114

表 6-9 兰陵烟区不同保证率下稳定通过 18 ℃移栽后伸根期的温度

保证率	初始日(月-日)	初始日至初始后 30~45 d 内平均气温/℃			
		初始后 30 d	初始后 35 d	初始后 40 d	初始后 45 d
≥50%	05-08	21.10	21.53	21.88	22.21
≥60%	05-11	21.61	21.98	22.32	22.59
≥70%	05-14	22.13	22.46	22.76	23.01
≥80%	05-19	22.95	23.22	23.45	23.70
≥90%	05-23	23.47	23.67	23.92	24.14

优质烟叶移栽时平均温度需高于 18 ℃,伸根期平均温度为21～23 ℃,采收期平均温度不低于 20 ℃。应根据优质烟叶生产对温度的需求,依据兰陵常年气候条件及稳定通过 18 ℃、20 ℃ 的起止时间,不同保证率下移栽后伸根期的温度,结合当地实际情况,优化当前各地适宜移栽时间,科学合理配置各生育阶段时间。

建议兰陵移栽期为 5 月 5 日至 25 日,全生育期 120～128 d。采收截止时间为 9 月 20 日,10 月 1 日前完成烘烤,11 月 1 日前完成收购。

2. 合理移栽方法

兰陵烟区采用水造井窖式移栽方式,实行集中移栽,同一地块移栽时差不超过 3 d,同一规模片区内的移栽时差不超过 5 d。

(1)水窖制作

边制作水窖边移栽,把水窖器插入垄体制作水窖,待水没过井窖口时拔出,水窖口呈圆形,直径 8 cm 左右,水窖有效深度 14 cm 左右(即水渗下后的实际深度),每窖浇水 2.5 kg 以上。

(2)提苗肥使用

磷酸二铵作为提苗肥在成窖后及时施入(即窖内水满且不外溢时),亩用量控制在 2.5 kg 左右(剩余部分封埯时使用)。

(3)烟苗移栽

在水未完全渗下前,水深 1/3～1/2 时带水插苗移栽于窖内正中位置,且保持烟苗根系与土壤的充分结合,即烟苗茎秆插入地下 2 cm 左右,地上保持 2 cm 左右,栽后烟苗芯叶距离窖口 5～7 cm。

(4)查苗补苗

栽后 1 周内完成查苗补苗,将死苗和受地下害虫侵害的烟苗拔除后及时补苗。补苗时,必须做到先浇水再插苗,且选用同一品种健壮烟苗。

(5)浇水、封埯

原则上在 5 月下旬或烟苗生长点超出窖口 2 cm 左右时及时封埯

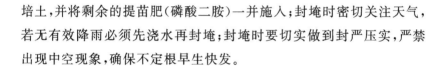

培土,并将剩余的提苗肥(磷酸二铵)一并施入;封埯时密切关注天气,若无有效降雨必须先浇水再封埯;封埯时要切实做到封严压实,严禁出现中空现象,确保不定根早生快发。

四、合理密植

1. 密度对烟株的影响

相关研究结果表明,种植密度对烟草株型、干物质积累等有显著影响。随株距减小、密度增大,烟株主茎变高变细,有效叶数减少,各部位叶片大小、重量显著降低,整株干物质积累量显著降低,而从群体角度分析,高密度处理减弱了烟草单株的发育,但使群体生物量增加,从而使烟叶产量、产值随密度增大呈现升高趋势。从整株株型来看,随着密度增大,下部叶片生长空间受限,有利于上部叶生长,烟草株型更倾向形成筒形、塔形;随着密度减小,各部位叶片生长空间变大,更有利于中部叶片发育,烟草株型也向腰鼓形转变。叶片对光环境的适应策略是导致单叶生物量差异的原因,低密度有利于单叶生物量,特别是中部叶生物量积累;高密度有利于三个部位烟叶干物质的均衡分配,因而优化冠层内部作物及光环境的空间分布,对调控干物质分布和提高群体生产力有重要的生理意义。种植密度对烟草叶片均匀性有显著影响。随着密度增加,成熟期烟叶的大小、单叶重及烟碱含量的变异系数均呈降低趋势,这表明高密度群体可以调控烟叶更加均匀一致。

种植密度与施氮量会对烟叶经济性状产生影响。总体来看,随施氮量增加,烟叶产量、产值也呈现先升高后降低。同一施氮条件下,随株距减小、密度增大,烟叶产量、产值、均价及上等烟比例呈现先升高后降低的趋势。种植密度与施氮量对烟叶质量产生明显影响。从化学成分看,随施氮量增加,烟叶还原糖、总糖含量及糖碱比显著下降,而总植物碱、总氮含量显著升高;随密度增大,烟叶还原糖、总糖含量和糖碱比升高,总植物碱含量下降。从感官评吸看,随株距减小,烟叶感官评吸质量呈现先升高后降低趋势,以 50 cm 株距最高,40 cm 株距质量高于 60 cm,差异主要体现在香气质、香气量、余味、杂气等方面(图 6-5、表 6-10、表 6-11)。

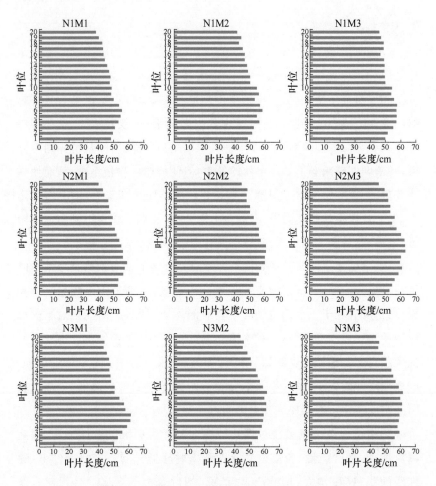

图 6-5　不同施氮量与密度条件下烟草株型特征

注:N1M1:纯氮 0 kg/亩,株距 30 cm;N1M2:纯氮 0 kg/亩,株距 45 cm;N1M3:纯氮 0 kg/亩,株距 60 cm;N2M1:纯氮 4 kg/亩,株距 30 cm;N2M2:纯氮 4 kg/亩,株距 45 cm;N2M3:纯氮 4 kg/亩,株距 60 cm;N3M1:纯氮 8 kg/亩,株距 30 cm;N3M2:纯氮 8 kg/亩,株距 45 cm;N3M3:纯氮 8 kg/亩,株距 60 cm。

表 6-10　不同株距烟叶化学成分

株距	还原糖 /%	总糖 /%	总植物碱 /%	总氮 /%	钾 /%	氯 /%	糖碱比	氮碱比	钾氯比
40 cm	23.23	26.68	1.92	1.78	1.65	0.28	12.27	0.93	8.66
50 cm	22.36	26.15	1.98	1.80	1.59	0.28	11.72	0.91	7.80
60 cm	20.60	24.01	2.24	1.92	1.70	0.32	9.42	0.86	6.87

表 6-11　不同株距烟叶感官评吸质量

株距	香气质 15	香气量 20	余味 25	杂气 18	刺激性 12	燃烧性 5	灰色 5	总得分 100
40 cm	11.08	15.80	19.03	12.88	8.75	3.00	3.00	73.54
50 cm	11.14	15.86	19.06	12.89	8.73	3.00	3.00	73.68
60 cm	10.97	15.70	18.84	12.64	8.73	3.00	3.00	72.88

2. 种植密度优化

烟草合理株型与群体调控须考虑烟叶产量和质量的平衡,统筹协调种植密度与施氮水平。研究结果显示,适当增加密度,可以培育"中棵烟"长相,群体生物产量增加,烟叶化学成分协调性及感官质量提升。因此,当前种植建议采用宽行距窄株距、适当增密、控制施氮水平的模式,适宜施氮量为 4.5～6.0 kg/亩,低肥力地块可以适当增施纯氮 0.5～1.0 kg/亩,不同品种根据品种特性适当调整,如NC55 适宜施氮量范围为 4.5～5.5 kg/亩,中烟 100 适宜施氮量范围为 5.0～6.0 kg/亩;种植密度根据土壤肥力情况进行适当调整,行距可增加至 125～130 cm,株距范围为 42～48 cm,相对低氮条件下,采用 45～48 cm 株距的密度模式,相对高氮条件下,宜采用 42～45 cm株距的高密度模式,整体种植密度适当增加至 1 200～1 250 株/亩,保障单株营养供给处于合理水平,构建合理群体结构。

兰陵烟区种植密度采用宽行窄株模式,土层深厚,土壤保肥保水能力强的地块,行距 130 cm,株距 40～45 cm;土层较薄,土壤保肥保水能力差的地块，行距 125 cm，株距 45～50 cm；确保移栽密度在 1 200株/亩左右。

烟叶回归曲线见表 6-12。

表 6-12　烟叶回归曲线

目标	因素	方程	顶点值
烟叶产值	施氮量/(kg/亩)	$Y=-30.52x^2+308.04x+2\,892.74$	5.05
	种植密度/(株/亩)	$Y=-0.000\,9x^2+2.278\,2x+1\,937.71$	1 266
烟叶评吸得分	株距/cm	$Y=-0.004\,8x^2+0.445\,5x+63.35$	46
	种植密度/(株/亩)	$Y=-1.051\,6e^{-5}x^2+0.025\,7+58.07$	1 222

五、揭膜培土

1. 揭膜培土的作用

兰陵烟区降水时间分布不均。干旱月份土壤中盐分累积，易发生次生盐渍化。雨季来临前适时揭膜，可充分利用降雨淋洗盐分，解决次生盐渍化问题，也能降低烟叶氯离子含量，减少烟叶地方性杂气，有利于烟叶品质提升。

烟田揭膜有利于促进烟株早生快发，也可使降雨直接进入垄体，提高自然降雨和肥料的利用率，提高烟株根系活力，促进根系生长，加快烟株中后期的生长发育，有利于烟株开秸开片，提高烟叶的产量和质量。揭膜有利于增强土壤通透性，避免地膜覆盖影响土壤气体交换，能及时散发大雨后土壤中过多的水分，使土壤环境得到有效改善。同时，有利于改善田间通风透光条件，减少病虫害的发生。

2. 揭膜注意事项

一是适时揭膜。根据生产实际，应在移栽 45 d 后揭膜。揭膜不宜过迟，以避免出现第二次吸氮高峰，使烟叶不能正常成熟落黄，烟叶烟碱含量过高、化学成分比例失衡而降低烟叶品质。二是彻底清除杂草。烟田揭膜后应及时清除田间杂草,避免发生草荒。三是注重水分管理。合理调节土壤水分,适时进行烟田灌溉和烟田排水。四是合理施肥。揭膜烟田要比不揭膜烟田每亩减少 0.5～1 kg 纯氮施用量,避免烟株贪青晚熟。五是彻底清除残膜。地膜在田间难以降解,污染土壤,揭膜时残膜要全部清理出烟田并集中处理。六是及时进行培土。揭膜后及时进行培土,可以保护根系,增加土壤通透性,促进根系发达,避免烟株倒伏。

　　结合兰陵烟叶生产实际,可在浇水、封垵时一并完成揭膜培土。原则上,采取"小揭膜、高培土",即先用镰刀等农具将烟株四周 10 cm 左右地膜划破(破膜大致呈圆形),然后进行封垵和培土操作,要求培土高度 10 cm 左右,培土充实饱满,垄顶圆而实,尤其是烟株基部"土包茎"结合严实,呈"蘑菇"形,同时,将周边划破的地膜用土压紧盖实,最后将残膜等一并清理出田。

六、灌溉排水

　　烤烟是需水量较多的作物,并且各生育阶段对水分的需求不同,如何满足烤烟各个生育期对水分的需求,是生产优质烟叶的重要措施之一。前期缺水易造成烟株生长缓慢,开楷开片不充分;后期雨水偏多,土壤肥效集中释放,易造成成熟期推迟,烟叶难以落黄。以破解水的制约为突破口,按照烟叶生长需水规律,全面推行全生育期按需供水是实现烟叶高质量发展的重要保障措施。

1. 烟草需水规律

　　大田期烤烟的耗水具有伸根期少、旺长期多、成熟期适中的规律。伸根期耗水量占全生育期耗水总量的 10% 左右,要保证移栽时充足的定根水,保证烟苗成活。随着烟苗逐渐生长,耗水量逐渐增加,但轻度干旱有利于促进根系生长。旺长期耗水量占全生育期耗水总量的53％～56％,此期烟株蒸腾量急剧增加,对水分的需要量最多,必须保持土壤含水量充足。成熟期耗水量占全生育期耗水总量的35％～38％,此期土壤水分状况对烟叶成熟和烟叶质量有显著的影响。

兰陵降水规律为5月、6月降水较少,7月、8月处于雨季,降水较多,9月降水又减少。以5月中旬移栽为例,移栽后伸根期有一段时间降水量低于需水量,需注意灌溉,旺长期、调控期降水量较足,需根据实际降水情况进行灌溉,8月、9月烟株需水逐渐减少,降水情况已远超烟草水分需求,因此在该时期需注意排水防涝(图6-6)。

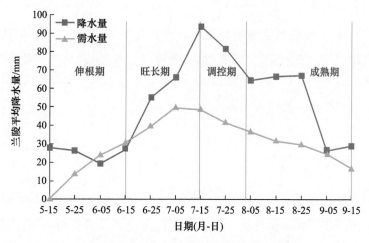

图6-6　兰陵平均降水特征与烟草需水规律

2. 灌溉原则

兰陵烟田灌溉原则为浇足移栽水,及时浇伸根水,重浇旺长水,适浇平顶水,巧浇成熟水。原则上旺长水、成熟水的灌溉时间应在16时后至10时前进行;严禁在炎热的中午(11时至15时)浇水。

烟田最适土壤含水量指标为:伸根期70％～75％,旺长期80％～90％,成熟期70％～80％。土壤水分亏缺指标为:伸根期低于45％,旺长期低于70％,成熟期低于60％。

　　兰陵降水分布不均,5月、6月降水较少,7月、8月降水较多,9月降水逐渐减少。5—6月正是烟株快速生长、需水最关键的时期(伸根期、旺长期),因此需合理安排生产,尽量满足烟草水分需求,如遇干旱天气,需加强灌溉,保障烟草水分需求;7—8月烟草需水逐渐减少,降水已能满足烟草水分需求,一般不需灌溉,如遇降水较多,远超烟草水分需求,需注意排水防涝。

3. 各时期灌溉要求

(1)还苗期至团棵期

　　此期主要以促进根系发育为主,烟株需水较少,适当干旱能促进根系发育,有利于后期营养物质的吸收,土壤水分含量宜保持在田间最大持水量的70%～75%。此期一般不需浇水,只有遇到持久干旱、烟株早晨或傍晚出现萎蔫时才需浇水。①移栽水。在使用水窖机制作井窖时进行满窖浇灌,以井窖水满但不溢出为标准,每穴浇水用量不低于2.5 kg,促进烟苗能够快速还苗和早生快发。②封埯水。原则上在烟棵生长点超出井窖口2～3 cm时及时进行封埯,若此时无有效降雨必须先浇水再封埯,每株用水量在2 kg左右。浇水后将移栽时剩余的磷酸二胺施入追肥,最后用细土将井窖封严封实。通过及时浇灌封埯水和配套操作来培育烟株发达的次生根系和提高其综合抗性。

(2)旺长期

　　此期烟株生理活动旺盛,蒸腾作用急剧增加,是烟株生长最快、干物质积累最多、需水量最多的时期,也是决定产量和质量的关键时期,应保持土壤水分含量在田间最大持水量的80%～90%。此期应保证及时浇水,并浇足浇透。使用隔沟灌溉方式的亩用水量应不低于30 m³,确保水分渗透垄体高度达到1/2以上,使用滴灌方式应确保灌溉时长在7～8 h,微喷方式每单元内灌溉时间应不低于4 h。

（3）成熟期

此期烟株生理活动下降,但也需要消耗一定的水分,土壤水分含量一般要求保持在田间最大持水量的 70%～80%,以保证烟叶正常成熟,改善上部烟叶的烘烤质量。如遇干旱,应适时浇水。使用隔沟灌溉方式亩用水量应不低于 20 m³,要求水分渗透垄体高度达到 1/3 以上,采用滴灌方式单元内的灌溉时长在 5 h 左右,喷灌方式灌溉时间控制在 2～3 h。

4. 节水灌溉技术

（1）滴灌

滴灌是将具有一定压力的水,过滤后经管网和滴灌带,用滴孔以水滴的形式缓慢而均匀地滴入植物根部附近土壤的一种灌溉方法(图6-7)。滴灌系统中,灌溉水通过主管、干管、支管均匀地送到滴灌带上,以满足烤烟生长的需要。滴灌有固定式地面滴灌、半固定式地面滴灌、膜下滴灌和地下滴灌等不同方式。滴灌是水资源高效利用的灌

图 6-7　田间滴灌

溉方式,更是烟草生产中一项高效化、精准化的先进技术措施。注意滴灌带(毛管)长度一般不得超过 70 m,支管一般不超过 80 m。

　　与沟灌相比,在滴灌条件下,烟株根系随水分运移分布,水平分布范围小,垂直分布范围大,二级侧根较发达(图 6-8)。生产上需结合当地灌水条件,根据不同土壤类型及根系分布情况调整灌水时间。

沟灌
根系水平分布范围大,
垂直分布范围小

滴灌
根系水平分布范围小,
垂直分布范围大

图 6-8　不同灌溉方式根系分布

　　不同土壤类型滴灌下土壤水分分布见图 6-9。

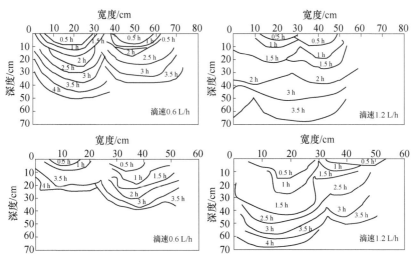

图 6-9　不同土壤类型滴灌下土壤水分分布

　　注:上图为沙壤土、沙土等轻质土壤,下图为黏壤土、黏土等中重质土壤。左部分为低滴速(0.6 L/h),右部分为正常滴速(1.2 L/h)下的不同灌溉时间土壤水分分布情况。

根据生产需要,烤烟滴灌可分别在移栽、小团棵、大团棵、旺长及成熟时期进行。灌溉指标如表 6-13 所示。烤烟滴灌的灌溉原则为移栽后 3～4 周,视土壤墒情、烟株发育需求,进行第一次滴灌;旺长期降水量不足 40 mm 或连续 5 d 无降水,须进行滴灌;成熟期降水量不足 30 mm 或持续干旱,须进行滴灌。

表 6-13　烤烟滴灌灌溉指标与灌溉制度

生育期	干旱指标/%	计划湿润层/cm	滴灌次数/次	灌水定额/(kg/株)	灌水周期/d
还苗期	≤50	15～20	0	—	—
伸根期	≤50	15～20	2	0.5～1	5～7
旺长期	≤70	30～40	4	1.5～2.0	3～5
成熟期	≤60	20～30	2	1.5～1.8	5～7

（2）微喷灌

微喷灌是在一定压力条件下（200 kPa 左右）,通过摆布烟行间的微喷带,水分从微喷带上侧的微孔呈雾状射出,水雾高度 1.4～1.6 m,喷幅为 3～4 m,每小时 12～15 m³。微喷设备可由 1 根主管带 3～5 条微喷带,根据压力大小每条微喷带喷 2～4 行烤烟（图 6-10）。微喷具有保持土壤物理性状、省水省工、减轻病虫害、均匀度高、改善田间小气候等特点,比较适合在烤烟大团棵期、旺长期应用。大团棵期每亩浇水量 9 m³ 以上,旺长期每亩浇水量 24 m³ 以上,可视烟株生长需要确定喷淋次数。烤烟微喷灌溉指标与灌溉制度见表 6-14。

表 6-14　烤烟微喷灌溉指标与灌溉制度

全生育期按需供水	干旱指标/%	浇水量/(m³/亩)	微喷灌次数/次	灌水定额/(kg/株)	灌水周期/d
大团棵水	≤50	9	1	1～1.5	5～7
旺长水	≤70	24	2	1.5～2	3～5

图 6-10　田间微喷灌设施

5. 防涝排水

兰陵烟区一般 7、8 月处于雨季,降水较多,超出烟草水分需求,应注意排水防涝,提前挖沟开渠,做好应急准备。

七、水肥一体化

水肥一体化技术是将灌溉与施肥融为一体的现代农业技术,是发展绿色高质高效农业、转变农业发展方式、建设生态文明的有效手段。水肥一体化技术将可溶性固体肥料或液体肥料,按照农田土壤肥力和农作物所需营养特点和规律,配兑成相应的肥液溶于灌溉水中,可均匀、定时、定量浸润农田农作物生长区域,让土壤一直满足作物生长对水分和肥料的需求。与传统的灌溉和施肥措施相比,水肥一体化技术具有省水、省肥、省时,降低农业成本,降低病虫害发生概率,保证农作物品质和产量,减少环境污染,改善土壤微环境、提高微量元素使用效率等优点。因此,水肥一体化技术是现代农业健康科学发展的有力保障。最适于烤烟生产的水肥一体化技术是滴灌水肥一体化技术。

1. 水肥一体化设备

水肥一体化技术的整个系统主要由水泵、水表、阀门、施肥器、过滤器、支管、毛管组成。根据灌溉面积及大田水电条件配置水泵种类及规格;入支管及毛管的水、肥必须经由过滤器过滤以防止毛管堵塞,过滤施肥装置应按照图纸顺序连接;支管过流量应根据实际灌溉面积配置,起垄后进行毛管铺设,毛管铺在垄上方、地膜下方;山地通过支管开关或铺设压力补偿式滴灌带调节以保证水肥均匀度。

2. 烟田水肥一体化设计

水肥一体化系统设计主要包括首部枢纽设计、田间管网设计。

水肥一体化系统的首部枢纽包括动力装置、施肥(药)装置、过滤设施和安全保护及量测控制设备。根据水源的不同设计相应的抽水供水动力,并根据水源水质选择过滤设备。动力装置包括电源、水泵等,在没有电源的烟田可采用由汽油(柴油)机组装的灌溉施肥一体机作为动力。施肥(药)装置是向系统的压力管道内注入水溶性肥料(农药)的设备。常用的有泵注式施肥装置、泵吸式施肥装置,以及比例施肥器。常用的过滤器有介质过滤器、离心式过滤器、网式过滤器、叠片式过滤器,以及自动反冲洗过滤器(图6-11)。

水肥一体化系统的田间管网由从首部枢纽开始到田间的输水管道和由不同直径和不同类型的管件构成。田间管网设计应遵循因地制宜的原则,综合考虑水源条件、地形、土壤保水性等因素。田间管网一般大量使用塑料管,主要有聚氯乙烯(PVC)、聚丙烯(PP)和聚乙烯(PE)管,在首部枢纽一般使用镀锌钢管和PVC管。干管一般采用农户日常浇地的现有管带,建议尺寸为 $\phi 75$ mm,主管采用 $\phi 75$ mmPE输水软带,支管采用 $\phi 63$ mm 输水软带,滴灌带采用 $\phi 16$ mm 迷宫式

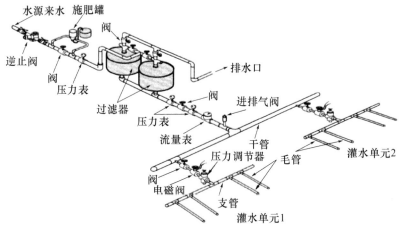

图 6-11　滴灌(水肥一体化)系统示意图

滴灌带。土壤保水性决定毛管的选择,一般土壤保水性好的地块可选择滴头间距 30 cm 的毛管,土壤保水性差的地块可选择滴头间距 20 cm 左右的毛管。

　　地形地貌是田间管网设计的首要考虑因素。地形条件一般分为平原、丘陵及山地等。不同地形条件下滴灌系统的设计有一定差异,但一般遵循支管单侧长度不超过 50 m,总长度不应超过 100 m;同时,支管铺设时应留有余量(3%),以避免热胀冷缩造成滴灌带和管件脱落。毛管(滴灌带)单侧极限长度为 75～85 m,实际铺设以 50～60 m 为宜。

　　平原、丘陵设计:地块较大时,主管、支管及毛管可以采用 T 型分布(鱼骨式分布),适合水源较好条件;地块较小时,主管、支管及毛管可以采用梳式分布,适合水源较差条件。山区设计一般也采用此类设计。山地条件设计时,应充分考虑系统安全性和合理性,防止局部管道压力过大胀破管道。山区要多设球阀、排水阀、减压阀等。轮灌小区划分不宜过大,应方便运行、管理和维护。在设计中,支管应垂直于等高线,毛管应平行于等高线。

3. 水肥一体化技术参数

根据烟区气候、田间肥力、烤烟品种等因素确定灌溉施肥制度。

(1)烟草灌溉制度

在滴灌条件下，多次少量的浇水方式既有利于节约水资源，又能保障烟株根际水分。若无降雨可参照"无降雨条件下烟田灌水量"（表6-15），有降雨则可根据实际情况减少灌溉。移栽当天浇足定根水，移栽后14 d至团棵期灌水2次。旺长期无降水条件下7 d灌水1次。烟叶成熟期进入雨季，此时需要根据实际气象条件进行灌水或排涝。

表6-15　无降雨条件下烟田灌水量

移栽后天数/d	0	7	14	21	28	35	42	49	56	63	70	77	84	91	98	105
灌水量/(m³/亩)	定根水	/	7	10	10	15	15	20	20	25	20	10	10	10	10	10

(2)烟草施肥制度

田间施氮、磷、钾具体总量及比例由田间肥力和烤烟品种决定。由于水肥一体化条件下水肥利用率大幅提高，计算滴灌施肥量时肥料利用率可比常规施肥提高20%～30%折算。一般而言，若烤烟追肥阶段采用灌溉施肥，烤烟施肥水平应作调整，每亩宜减施纯氮1～1.5 kg。

烟草施肥过程中需先灌水30 min冲洗施肥管道，施肥时间控制在1 h，施肥后再灌水30 min，以保证肥料到达烟株基部；遇连续降雨需施肥时，可灌水15 min，施肥30 min，灌水30 min。前期使用中氮中磷中钾型，以1:1:2为最佳氮磷钾配比；旺长期使用高氮低磷中钾型，以1:0.5:2为最佳氮磷钾配比。全生育期追肥2～3次，肥料总用量每亩不超过3 kg。

八、打顶留叶

1. 打顶时期与留叶数对烟株的影响

研究结果表明,打顶时期与留叶数可对烟草株形产生显著影响,提前打顶(扣芯打顶)或减少留叶数均会使烟株显著变矮。主要原因是烟株长高依靠茎顶端分生组织细胞的分裂分化及伸长区细胞的伸长,提前打顶或减少留叶数,均使茎顶端分裂伸长终止,影响主茎高度。留叶数对叶片大小的影响大于打顶时期,随留叶数减少,各部位叶片均显著变大,且主要为宽度的增加。打顶时期与留叶数对各部位烟叶单叶重均产生显著影响,提前打顶或减少留叶数使各部位烟叶单叶重显著变大。提前打顶使叶片变重可能是叶片显著增厚的原因;留叶数减少虽然减少了光合产物的源,但是也减少了光合产物的库,使干物质发生再分配,每片叶积累的生物量显著增加。少留叶处理,叶总干重显著低于多留叶处理,但整株干重与多留叶处理间无显著差异,表明少留叶处理,根、茎多积累的干物质弥补了少叶的缺口(表6-16)。

表 6-16 不同打顶时期与留叶数处理各部位烟叶成熟期单叶重 g

处理	下部叶单叶重			中部叶单叶重			上部叶单叶重		
	17 片	20 片	23 片	17 片	20 片	23 片	17 片	20 片	23 片
扣芯打顶	13.07	11.27	11.08	17.42	13.99	12.69	19.42	15.59	14.84
开花打顶	11.54	10.89	10.38	12.89	11.03	10.59	12.46	12.04	12.02

打顶时期与留叶数对烟叶化学成分含量产生显著影响。留叶数对糖含量的影响高于打顶时期,而打顶时期对烟碱含量的影响高于留叶数。留叶数增加,烟叶糖含量呈现先升高后降低趋势,可能是叶数增多使烟株光合生产能力提高,合成的碳水化合物增加,烟叶糖含量积累量增加;而留叶数过多则会影响整株的光合效率,同时会加大消耗,降低烟叶糖含量。提前打顶使烟碱含量升高主要是因为早打顶后

烟碱大量合成,且肥料供应过量,烟碱显著升高;留叶数对中下部烟叶烟碱含量无显著影响,主要是打顶时期的作用太大,掩盖了留叶数的影响。以单个时期来看,烟碱含量随留叶数减少而明显升高,其原因是烟碱在根部合成,多叶分配烟碱,每叶烟碱含量自然低于少留叶烟叶(表6-17)。

表6-17 不同打顶时期与留叶数各部位烤后烟叶化学成分

处理	下部叶还原糖/%			中部叶还原糖/%			上部叶还原糖/%		
	17片	20片	23片	17片	20片	23片	17片	20片	23片
扣芯打顶	17.55	18.85	18.65	18.96	20.46	20.33	18.18	19.11	19.01
开花打顶	17.59	19.20	18.13	19.38	20.84	20.65	19.48	19.94	19.73
处理	下部叶总糖/%			中部叶总糖/%			上部叶总糖/%		
	17片	20片	23片	17片	20片	23片	17片	20片	23片
扣芯打顶	19.06	20.80	20.41	20.14	22.30	22.16	20.02	21.55	20.81
开花打顶	19.55	20.34	19.79	21.71	23.24	22.62	21.40	22.84	21.73
处理	下部叶烟碱/%			中部叶烟碱/%			上部叶烟碱/%		
	17片	20片	23片	17片	20片	23片	17片	20片	23片
扣芯打顶	2.66	2.39	2.10	3.04	2.64	2.58	3.42	2.74	2.44
开花打顶	1.86	1.83	1.66	2.14	2.07	2.16	2.42	2.11	2.12
处理	下部叶糖碱比			中部叶糖碱比			上部叶糖碱比		
	17片	20片	23片	17片	20片	23片	17片	20片	23片
扣芯打顶	6.81	7.92	9.14	6.35	7.82	7.87	5.36	6.98	7.78
开花打顶	9.46	10.75	10.95	9.16	10.29	9.62	8.15	9.52	9.34

2. 适时打顶

于烟田60%～70%的烟株中心花开放时进行第一次打顶,剩余烟株中心花开放时进行第二次打顶。一般在晴天上午打顶,先打健株再打病株,打顶位置比顶叶叶基部高2 cm左右。打顶时同时清除3～4片底脚叶,并将打下的花梗、花芽一并带出田外,集中处理。

全面应用烟田二次打顶技术,在现蕾期(90%以上现蕾、部分中心

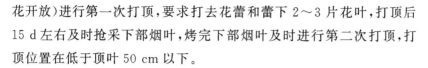

花开放)进行第一次打顶,要求打去花蕾和蕾下 2～3 片花叶,打顶后 15 d 左右及时抢采下部烟叶,烤完下部烟叶及时进行第二次打顶,打顶位置在低于顶叶 50 cm 以下。

3. 及时抑芽

推广使用灭芽灵(主要成分为仲丁灵)进行化学抑芽。用药前首先摘除 2 cm 以上的烟杈,然后将灭芽灵稀释 200 倍,每株用量 15～20 mL,于打顶后 24 h 内采用低压喷淋、壶淋等方法施药,确保每个腋芽都接触到药液。

人工抹杈。打顶后每隔 5～7 d 抹杈一次。

4. 合理留叶

生长正常的烟田,单株留有效叶 20 片左右;长势稍旺的烟田,单株留有效叶 22 片左右;长势稍差的烟田,单株留有效叶 18 片左右,确保烟株呈筒形或微腰鼓形,避免形成罩顶。

对于不适用烟叶,应严格处理标准,确定处理最佳时机,明确人员责任,考核实施效果,禁止低次烟叶进入采收烘烤环节,减小低次烟叶产出比例,增加中部叶比例。原则上,将田间烘烤不能达到 X2F、B3F 等级的鲜烟全部处理,具体为:下部 2～4 片不适用烟叶处理长度标准为低于 45 cm;上部不适用烟叶处理长度标准为低于 50 cm。处理时机:下部不适用烟叶在 7 月下旬处理,即在现蕾打顶后 7～10 d(下部烟叶成熟前 3～5 d)统一清除下部 2～4 片不适用烟叶;上部不适用烟叶统一在第二次打顶时一并去除。

第七章

烟草病虫害绿色防控

    按照病虫害预测预报和统防统治的实施方案,充分发挥预测预报点的功能,实行"统一防治时间、统一防治方法、统一防治药剂、统一植保器械",把烟田周围环境纳入统防统治范围,变被动防治为主动防治,严控病虫害的大面积流行。

一、烟草常见病虫害

1. 病虫害发生时期

苗床期:易发生病毒病、烟蚜等病虫害。

还苗伸根期:易发生黑胫病、病毒病、烟蚜、地老虎等病虫害。

旺长期:易发生黑胫病、青枯病、病毒病、烟蚜、烟青虫等病虫害。

成熟采烤期:易发生赤星病、野火病、角斑病、气候斑、烟青虫等病虫害。烟草易发生病虫害统计见表 7-1。

2. 病毒病害介绍

(1)烟草普通花叶病毒病

烟草普通花叶病毒病广泛分布于我国各烟区,是烟草主要病毒病害之一。其中黑龙江、吉林、辽宁、山东、河南、安徽、湖北、四川、重庆、贵州、云南、福建、广东、台湾等地受害较重。

表 7-1 烟草易发生病虫害统计表

项目	苗床期	还苗伸根期	旺长期	成熟采烤期
病害	病毒病	黑胫病 根黑腐 病毒病	黑胫病 青枯病 病毒病	赤星病 野火病 角斑病 气候斑
虫害	烟蚜	烟蚜 地老虎	烟蚜 烟青虫	烟青虫

【病原与症状】该病由烟草普通花叶病毒(tobacco mosaic virus，TMV)引起。病毒粒体杆状。幼苗感病后，先在新叶上发生"脉明"，以后蔓延至整个叶片，形成黄绿相间的斑驳，几天后形成"花叶"。病叶边缘有时向背面卷曲，叶基松散；有时叶片皱缩扭曲呈畸形，有缺刻，严重时叶尖也可呈鼠尾状或带状。早期发病，烟株矮化、生长缓慢，有时出现"花叶灼斑"，在表现花叶的植株中下部常有1～2片叶沿叶脉产生闪电状坏死纹(图7-1)。

图 7-1 普通花叶病

【发病规律】混有病残的种子、肥料、土壤及其他寄主,甚至烤过的烟叶及碎末都可成为初侵染来源。带病烟苗是大田发病的重要病源。在田间,病毒主要靠植株之间的接触及人在田间操作时手、衣服、工具等与烟株的接触传毒。种植感病品种,土壤结构差,苗期及大田期管理水平低,连作地块持续时间长,施用被 TMV 污染过的粪肥,天气干旱烟株生长发育不正常,感病时期早等是 TMV 流行的主要因素。

【防治方法】①栽种抗病品种,如辽烟 15 号、中烟 14、延烟 3 号、中烟 90、Coker176、Burley21、Ky14、TN90 等。②从无病株留种并进行风选。③加强苗床管理,培育无病壮苗。苗床要远离菜地、烤房、晾棚等。施用苗床土要进行高温消毒。④深翻晒土。不与茄科和十字花科作物间作或轮作。⑤适当早播、早栽,移栽时要剔除病苗。⑥在苗床和大田操作时,应禁止吸烟;手和工具要消毒;应专人管理,杜绝闲杂人等进入大棚;加强田间管理,田间操作应自无病区开始。⑦施用抗病毒药剂。较好的抗病毒药剂有 22% 金叶宝 400 倍液、83-增抗剂 100 倍液、1.5% 植病灵 800 倍液等,但必须从苗床期开始喷施预防才可能收到一定的效果。

(2)烟草黄瓜花叶病毒病

烟草黄瓜花叶病毒病广泛分布于我国各烟区,其中黄淮烟区受害最重,其次是广东、广西、福建、湖南、湖北、四川、陕西等地。该病是我国烟草上的主要病毒病害之一。

【病原与症状】烟草黄瓜花叶病毒原为黄瓜花叶病毒(cucumber mosaic virus,CMV),病毒粒体为近球形的 20 面体。苗期和大田期均可发病,系统侵染,全株发病。发病初期表现"脉明"症状,后逐渐在新叶上表现花叶;病叶变窄、伸直,呈拉紧状;叶表面茸毛稀少,失去光泽;有的病叶粗糙、发脆,呈革质,叶基部常伸长,两侧叶肉组织变窄变薄,甚至完全消失;叶尖细长,有些病叶边缘向上翻卷。该病毒也能使叶面形成黄绿相间的斑驳或深黄色疱斑。在中下部叶上常出现沿主侧脉的褐色坏死斑,或沿叶脉出现对称的、深褐色的闪电状坏死斑纹。植株随发病早晚也有不同程度矮化,根系发育不良,遇干旱或阳光暴晒,极易引起花叶灼斑(图 7-2)。

图 7-2 黄瓜烟叶病

【发病规律】CMV 主要在蔬菜、多年生树木及农田杂草中越冬,可以通过蚜虫和机器接触传播。蚜传在病害流行中起决定性作用。在病害流行过程中,除蚜虫传毒的主要作用外,病害在烟田中的扩散和加重也和机械传染如农事操作等有重要关系。黄瓜花叶病毒的发生流行与寄主、环境和有翅蚜数量关系密切。气象因素的变化也常影响蚜虫的活动,从而间接影响病害的流行。

【防治方法】①积极利用抗耐病品种。②利用银灰地膜避蚜防病。③药剂治蚜。在越冬卵孵化后、迁飞前,用 40% 氧化乐果 2 000 倍液喷桃树和菜田;在桃蚜向烟田迁飞高峰期,用抗蚜威、万灵等喷防。

④实行以烟为主的麦烟套种。⑤坚持卫生栽培。在苗床和大田操作时,切实做到手和工具用肥皂消毒;在管理中,应先处理健株,后处理病株,不能吸烟。⑥抗病毒药剂请参见 TMV 一节。

(3)烟草马铃薯 Y 病毒病

烟草马铃薯 Y 病毒病广泛分布于我国各产烟区,受害较重的有山东、辽宁、河南、四川等省,近年有逐年加重的趋势,已成为我国烟草上的主要病毒病。

【病原与症状】 烟草马铃薯 Y 病毒病病原是马铃薯 Y 病毒(potato virus Y,PVY),病毒粒体为线状。PVY 在我国烟草上至少有 4 个株系,即普通株系、脉坏死株系、点刻条斑株系和茎坏死株系。自幼苗到成株期都可发病,但以大田成株期发病较多。此病为系统侵染,整株发病。PVY 普通株系在田间的为害较轻,仅引起花叶及脉带症状。田间引起坏死的几种主要类型为:①PVY 的坏死株系(包括黄斑坏死株系)引起叶面、叶脉、茎甚至根系深褐色至黑色的坏死,受害烟株根系发育不良,须根变褐,数量减少;②PVY 所有株系与 TMV、CMV 等混合发生时表现比上述更为严重的坏死症状(图 7-3)。

图 7-3　马铃薯 Y 病毒病

【发病规律】PVY 室内易经汁液机械传染,自然条件下主要是靠蚜虫介体传毒。PVY 一般在马铃薯块茎及周年栽植的茄科作物(番茄、辣椒等)及多年生杂草上越冬,这些是病害初侵染的主要毒源,田间感病的烟株是大田再侵染的毒源。

影响 PVY 的发病因素与 CMV 基本相似,主要受传毒蚜虫、气候因素和烟草生育状况等多方面影响。生产中缺乏抗病品种,气候变暖影响毒源植物的生长和传毒介体的存活,与蔬菜、马铃薯、油菜等作物连作、邻作都会加重 PVY 的为害。

【防治方法】防治方法参见 CMV 一节。

目前国际上已育成抗 PVY 的品种,如 NC744、NC55、NCTG52、Virginia SCR、TN86、PBD6、筑波 1 号、筑波 2 号、云烟 301 等。

3. 细菌病害介绍

(1)烟草青枯病

烟草青枯病(tobacco bacterial wilt)是为害烟草最重的一种细菌病害,在我国长江以南烟区普遍发生,为害较重的有广东、广西、福建、湖南、湖北、四川、浙江、安徽南部及台湾等地。近几年有向北方烟区发展的趋势,山东、河南及辽宁部分烟区近年也有发生。

【病原与症状】烟草青枯病是由假单胞杆菌属的茄假单胞杆菌(*Pseudomonas solanacearum* Smith)引起的。该病为典型的维管束病害,根、茎、叶各部都可受害。发病初期,在晴天中午可见 1～2 片叶凋萎下垂,而夜间又可以恢复,萎蔫一侧的茎上有褪绿条斑。随着病情加重,表现"偏枯",但顶芽不向有病一侧弯曲,而萎蔫叶片仍为青色,褪绿条斑也变为黑色条斑,可达植株顶部。发病中期,枯萎叶片由绿变浅绿,然后叶肉逐渐变黄而叶脉变黑,呈黄色网状斑块,全部叶片萎蔫。发病后期病株的表皮根部及髓部变黑腐烂,横切茎部有黄白色乳状黏液,即菌脓(图 7-4)。

【发病规律】烟草青枯病菌主要在土壤及遗落在土壤中的病残及

图 7-4　青枯病

其他寄主上越冬,病原菌靠雨水、排灌水、病土、病苗、人、畜、生产工具及昆虫进行扩散传播,一般从根部的伤口侵入。高温(30 ℃以上)和高湿(相对湿度 90％以上)是青枯病流行的主要条件。土壤黏重、排水不良、湿度过高和连作发病重;土壤缺硼,有线虫或其他地下害虫伤害根部会加重病情。

【防治方法】 ①选用抗病品种。G80、G140、Coker176、RG11、RG17、K346、K358、K394 等都有一定的抗病能力。②加强栽培措施。提倡与禾本科作物轮作,尤其是水旱轮作;起垄栽培,开沟排水,施净肥,在缺硼烟田适当增施硼肥。③不在雨天或露水未干前进行各种有利于病菌传播的农事操作。④药剂防治。首先用溴甲烷消毒育苗土壤;20％乙霜青 1 000 倍液,或用 200 μg/mL 农用链霉素,栽后始病期开始用药,10~15 d 1 次,连续 2~3 次,每株灌 30~50 mL。

(2)烟草角斑病

烟草角斑病(angular leaf spot of tabacco)在我国山东、河南、安

徽、四川、贵州、云南、浙江、陕西、广西、辽宁、吉林、黑龙江等地都有发生,其中吉林、四川、山东、陕西等地发病较重。一般常和野火病混合发生,在流行年份严重的可造成绝产。

【病原与症状】烟草角斑病菌为假单胞杆菌属丁香假单胞菌烟草致病变种(*Pseudomonas syringae pv. tabaci*),是不产生野火毒素的一个菌系。

病害在各生育期均可发生,在烟株生长后期发生较重。在苗床幼苗上的病斑多在叶脉两侧形成不规则角状斑,暗褐色、小,以后症状逐渐明显。湿度大时病斑迅速扩大,几个病斑融合成大片坏死,叶片腐烂,幼苗倒伏。成株期发病叶片病斑受叶脉限制呈多角状或不规则形,深褐色至黑色,边缘明显,但无明显晕圈,在病斑中可以看到颜色深浅不同的云状轮纹,数个病斑可融合成一片。在雨后或空气湿度大时病斑呈水浸状,在叶背有菌脓溢出,干后成一层膜。茎、蒴果发病时形成不规则褐斑,茎部病斑多凹陷(图7-5)。

图 7-5　角斑病

【发病规律】病菌在田间的病残体中和土壤里越冬,成为来年初侵染源;在种子里也可越冬。病害在苗期就可发生,当湿度大时病害便可蔓延流行,造成大片幼苗甚至整床烟苗发病死亡。轻病苗移栽到大田可发展为发病中心。病菌可随雨水反溅而引起发病,这些病株的病菌随风雨、灌溉水传播,从气孔或伤口侵入。暴风雨后病害可骤然上升。雨多湿度大,病害可在短期内暴发。天气干燥,病害发展可受到抑制。

田间若氮肥过多,打顶过早,密度过大均可促使发病加重。

【防治方法】①与禾本科作物轮作 3 年,不用马铃薯等茄科作物及大豆等作为前作。②清除病残体。要将病残株及早烧掉或深埋,田间要深翻。③种子消毒。用 0.1% 硝酸银浸种 10 min 或用链霉素 200 μg/mL 浸 30 min,50 ℃温汤浸种 10 min 均可杀死种子内外病菌。④田间开始发病时立即喷施农用链霉素 200 μg/mL 或喷 1:1:200 波尔多液 500 倍液,或 50%DT500 倍液。每隔 10～15 d 喷 1 次,一般喷 2～3 次。

(3)烟草野火病

烟草野火病(tabacco wild fire)在我国各烟区均有发生,其中以黑龙江、吉林、辽宁、山东、四川、云南等省发生较重。有的烟田发病率高达 40%～60%,严重者可造成绝产。

【病原及症状】烟草野火病病原为假单胞杆菌属丁香假单胞菌烟草致病变种(*Pseudomonas syringae pv. tabaci*)。野火病主要为害叶片,也为害茎、蒴果、萼片。发病初期产生黑褐色水渍状小圆斑,有很宽的晕圈,以后病斑扩大,直径可达 1～2 cm,圆形或近圆形,褐色有轮纹。病斑愈合形成不规则大斑。天气潮湿,病部有薄层菌脓;天气干燥时,病斑破裂脱落,叶片被毁。茎、蒴果、萼片受侵染形成不规则褐色至黑褐色小斑,黄晕不明显(图 7-6)。

【发病规律】病原菌在病残体和种子上或其他寄主中越冬,借风

图 7-6　野火病

雨、昆虫和粪肥传播，从伤口或自然孔口侵入。病害发生流行与气候条件、品种抗性、栽培条件等因素有关，发病适宜温度为 28～32 ℃。湿度是影响该病的重要因素，特别是暴风雨后，易造成病害流行。一般氮肥过多、钾肥不足、生长过旺烟株易感病。

【防治方法】①选用抗耐品种，如白肋 21、KY14、G80 等较抗病；②加强栽培管理，培育壮苗，适期早栽，选无病株留种，播种前用农用链霉素 200 μg/mL 浸泡 30 min；③不能与大豆等寄主作物轮作；④秋季收烟后，销毁病残体；⑤发病后及时摘除病叶，并喷 1∶1∶160 倍波尔多液。团棵期、旺长期以及烟株封顶后各喷 1 次 200 μg/mL 农用链霉素或 50％DT 可湿性粉剂 500 倍液或 50％DTM 可湿性粉剂 500 倍液，每隔 10～15 d 喷 1 次，连续喷 2～3 次。农用链霉素和 DT 等农药应交替使用，以减缓野火病菌抗药性的产生。

4. 真菌病害介绍

（1）烟草黑胫病

烟草黑胫病（tobacoo black shank）是我国烟草上的重要病害之

一,黄淮烟区及其以南各烟区发生较重。

【病原与症状】烟草黑胫病又称"腰烂病",由鞭毛菌亚门的烟草疫霉菌[*Phytophthora parasitica var. nicotianae*(Breda de Haan)Tucker]引起,主要为害大田期烟株。苗期受害呈"猝倒"状,旺长期受侵染时茎上无明显症状,而根系变黑死亡,导致叶片迅速凋萎、变黄下垂,呈"穿大褂"状,严重时全株死亡。"黑胫"为此病的典型症状,霉菌从茎基部侵染并迅速横向和纵向扩展,可达烟茎 1/3 以上,叶片自下而上凋萎枯死。纵剖病茎,可见髓干缩成褐色"碟片状",其间有白色菌丝;在多雨季节,病菌孢子随雨水飞溅可以从抹杈等造成的伤口处侵入,形成茎斑,使茎易从病斑处折断即"腰烂";多雨潮湿时下部叶片易受侵染,形成直径 4～5 cm 的坏死斑,即"叶斑",又称"猪屎斑"(图 7-7)。

图 7-7　黑胫病

【发病规律】病菌以厚垣孢子和菌丝在病株残体内于土壤或厩肥中越冬,可存活 3 年以上,是主要初侵染菌源。田间病菌主要靠流水和农事操作传播。高温高湿有利于病害发生,而降雨和湿度是流行的关键因素。近年发现地膜烟的黑胫病比露地烟黑胫病早发生 $10\sim15$ d。

【防治方法】①种植抗病品种,NC82、K326、K346、NC89、中烟98、云烟 85、K394、中烟9203、中烟 14 等都是较抗病的品种。②实行 2～3 年与禾本科、甘薯等轮作。③施用净肥。④注意排水,防止田间积水,并起垄栽烟。⑤及时拔除病株并妥善处理,不得乱扔。⑥药剂防治。目前较好的药剂有甲霜灵和甲霜·锰锌。施药方法:成苗期,用 25%甲霜灵或 72%甲霜·锰锌 500 倍液喷施或浇灌;移栽后 4～6 周向茎基部及其周围表土施药,以 25%甲霜灵 500 倍液灌根效果最好。目前在白肋烟上已发现黑胫病菌对甲霜灵产生很强的抗药性,在白肋烟上宜使用72%甲霜·锰锌或 25%普力克可湿性粉剂进行防治。

(2)烟草根黑腐病

烟草根黑腐病(tobacco black root rot)在我国分布广泛。河南、云南、广西、贵州、山东、安徽、湖北、四川等省(自治区)发生较重,近年来为害有所上升。

【病原与症状】烟草根黑腐病菌为根串株霉菌[*Thielaviopsis basicola*(Brek. et Br.)Ferraris],属半知菌亚门。幼苗期至现蕾期发病较重,主要侵染烟草根系,呈特异的黑色。幼苗很小时,病菌从土表部位侵入,病斑环绕茎部,向上侵入子叶,向下侵入根系,使整株腐烂,呈"猝倒"症状。较大的幼苗感病后,根尖和新生的小根变黑腐烂,大根系上呈现黑斑,病部粗糙,严重时腐烂,拔出时仅见到变黑的茎基部和少数短而粗的黑根与主干相连。发病苗床烟苗长势和叶色不均匀。大田期被侵染的烟苗生长缓慢,植株严重矮化,中下部叶片变黄枯萎,大部分根变黑腐烂,在病斑上方常可见到新生的不定根。在田间极少整田发病,多为局部或零星发病(图 7-8)。

【发病规律】根黑腐病是土传病害,主要以厚垣孢子和内生分生

图 7-8　根黑腐病

孢子在土壤中、病残体及粪肥中越冬后成为初侵染源。田间发病的最适温度为 17～23 ℃。土壤湿度大,尤其接近饱和点时,易于发病,当 pH≤5.6 时极少发病。

【防治方法】①选用抗病品种,NC82、NC89、NC60、G140、红花大金元等品种对根黑腐病有较好的抗性;②用溴甲烷等进行土壤消毒,培育无病壮苗;③与禾本科植物进行 3 年以上轮作;④田间科学管理,采用高垄栽培,施用腐熟的有机肥;⑤发病后可用药剂防治,移栽时每亩用 75% 甲基托布津可湿性粉剂,50～75 g 拌细干土穴施,或加水 50 kg 浇施。发病初期可喷施 75% 甲基托布津可湿性粉剂 1 000 倍液,也可用 50% 多菌灵可湿性粉剂 500～800 倍液或 50% 福美双可湿性粉剂 500 倍液灌根。

（3）烟草赤星病

烟草赤星病（tabacco brown spot），是我国烟草上的主要病害之一，全国各产烟区均有发生。主要在成熟期发病，东北、黄淮及西南烟区受害较重。

【病原与症状】烟草赤星病是由链格孢菌[*Alternaria alternata* (Fries)Keissler]引起的，属半知菌亚门。赤星病是烟叶成熟期的主要叶斑病害。病害从烟株下部叶片开始发生，随着叶片的成熟，病斑自下而上逐步发展。最初在叶片上出现黄褐色圆形小斑点，以后变成褐色。病斑的大小与湿度有关，湿度大病斑则大，湿度小病斑则小。一般来说最初不足 0.1 cm，以后逐渐扩大，病斑直径可达 1～2 cm。病斑圆形或不规则圆形，褐色，有明显的同心轮纹，外围有淡黄色晕圈。病斑中心有深褐色或黑色霉状物。病害严重时，许多病斑相互连接合并，致使病斑枯焦脱落，整个叶片破碎而无使用价值。茎秆、蒴果上也可产生深褐色或黑褐色圆形或长圆形凹陷病斑(图 7-9)。

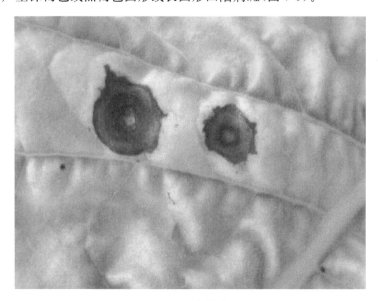

图 7-9 赤星病

【发病规律】病菌以菌丝在病株残体上越冬,尤以病茎上越冬效率较高。长距离传播主要靠风,雨水能作短距离传播。烟株幼苗期抗病,以后抗病力逐渐减弱,烟叶成熟后开始进入感病阶段。发病适宜温度为 23.7~28.5 ℃,降水多、空气湿度大、昼夜温差大、结露时间长,利于发病。

【防治方法】①选用抗病品种,较抗赤星病的品种有 G28 和 K346 等;②发展春烟,适时早栽;③培育壮苗,提高幼苗的抗病能力;④合理密植,适当增施磷钾肥,搞好田间卫生,彻底销毁烟秆等残体,减少侵染菌源;⑤药剂防治,结合采收底脚叶喷第一次药,一般要间隔 7~10 d,喷 2~3 次。药剂使用 40% 的菌核净 400~500 倍液、10% 宝丽安可湿性粉剂 800~1 000 倍液,效果较好。

5. 其他病害介绍

(1)烟草根结线虫病

烟草根结线虫病(tobacco root knot nematode)是我国烟草上的主要病害之一,除黑龙江,吉林等省外,几乎各主要产烟区均有发生,发生较重的有四川、重庆、河南、云南、广西、湖南、湖北及山东等地,且有继续加重的趋势。

【病原与症状】病原为根结线虫(*Meloidogyne* spp.),属根结线虫属。我国有南方根结线虫、爪哇根结线虫、花生根结线虫和北方根结线虫等,目前多数烟区以南方根结线虫为优势种。从苗床期至大田生长期均可发生。苗床期发病一般地上无明显症状,至移栽前,幼苗根部有少量米粒大小的根结,须根稀少;大田生长期先从下部叶片的叶尖、叶缘开始褪绿,整株叶片由下而上逐渐变黄色,生长缓慢,高矮不齐。拔起病根可见大小不等的根结,须根稀少。许多根结相连,呈鸡爪状。土壤湿度大时,根系易腐烂(图 7-10)。

【发病规律】烟草根结线虫以卵、卵囊、幼虫在土壤中及遗留在土壤中的病株和其他寄主作物、杂草根系的根结中越冬。一般情况下干

图 7-10　根结线虫病

旱年份根结线虫病重,多雨年份轻;土质疏松、通气性好的沙壤土发病重,黏重土壤发病轻;春季温度回升快发病重。

【防治方法】①NC89、G80、K346、中烟 14 等对南方根结线虫1 和3 号小种抗病性较为稳定,但都不抗爪哇根结线虫和花生根结线虫,应密切注视根结线虫种群变化,及时调整栽培品种。②合理轮作。病田应实行 3 年轮作制。一般以禾本科作物及棉花等轮作为宜。③培育无病壮苗。采用溴甲烷熏蒸或磷化铝处理苗床土,清除病残体,及时清除田间杂草寄主。④增施有机肥,冬季深翻晒土。土壤消毒,每亩用 15％涕灭威 800～1 000 g(或 5％涕灭威2 400～3 000 g)、10％克线磷颗粒剂2 000 g等,在烟草移栽时穴施在烟株附近。

(2)烟草气候斑点病

烟草气候斑点病(tobacco weather fleck),各地普遍发生,为害较重的有云南、河南、福建、广东、山东和广西等省(自治区)。

【病原与症状】本病乃大气中以臭氧为主的污染物所致。大气中臭氧浓度 0.06～0.08 μg/g、与烟株接触 24 h 以上即可发病;若臭氧浓度提高则所需时间相应地缩短。若大气中又有二氧化硫等污染物,会有协同作用,所需臭氧浓度更低。症状因烟草生育期、气候及烟草品种的不同,有白斑、褐斑、环斑、尘灰、褐点等多种类型,其中以白斑型最为常见。白斑型发生于团棵后期中下部已充分伸展的叶片上。病斑圆形至不规则形,大小为 1～3 mm。初水渍状,后变褐色,再变白色。病斑中心坏死、下陷,甚至穿孔。褐斑型与白斑型相似,区别仅褐变后不再变白色。环斑型色泽也有白色和褐色,但这些白斑和褐斑常间断地组成 1～3 个环状斑。尘灰型似红蜘蛛为害状。褐点型病斑中心不明显。但不论何种类型,病斑均不透明,也无黑点或灰色霉状物(图 7-11)。

图 7-11 气候斑点病

【发病规律】烟草叶片快速生长至近成熟期,若冷空气来袭,引起连续低温、多雨、日照少,土壤水分含量高,烟草叶片细胞间隙充满水分,气孔张开,雨后骤晴,病害便可能大发生。烟株感染 CMV 或 PVY

后,病害便特别严重。不同品种对气候斑抗性有很大差异。

【防治方法】①选用抗耐病品种。②施足基肥,及时追肥,适当控制氮肥,按 1:1:2 至 1:2:3 配施磷钾肥;及时中耕除草,增加田间通风透光度。③药剂防治。从团棵期起,可用增效波尔多液 300 倍液、65％代森锌可湿性粉剂 500 倍液、50％甲基托布津可湿性粉剂 700 倍液等喷雾,每 7～10 d 喷 1 次,连喷 2～3 次,乙撑二脲(EDU)每亩喷施 200～250 g,连喷 3 次,可获得显著防效。④控制空气污染,保护环境。

6. 烟草害虫介绍

(1)烟蚜

烟蚜(green peach aphid)(*Myzus persicae* Sulzer),又名桃蚜,属同翅目蚜科。我国各烟区均有分布。

【形态特征与为害状】无翅孤雌胎生蚜体长 1.5～2.0 mm,长卵圆形,体色有绿、黄绿、暗绿、赤褐等多种颜色。

有翅孤雌胎生蚜体长约 2 mm,头部黑色额瘤显著,向内倾斜,胸部黑色,腹部绿色或黄绿色(图 7-12)。

图 7-12　烟蚜

烟蚜具有明显的趋嫩性、避光性。有翅蚜对黄色有正趋性,对银灰色和白色有负趋性。烟蚜吸食幼嫩烟叶汁液,烟叶受害后烟株生长缓慢,叶片变薄、皱缩,同时分泌蜜露诱发煤污病,造成烟叶品质下降;有翅蚜可传播烟草黄瓜花叶病毒病等多种病毒病害。

【发生规律】烟蚜 1 年发生的代数,因地区而异,自北向南逐渐增多,西南烟区 30～40 代,东北烟区、黄淮烟区 24～30 代。烟蚜一般以卵在桃树上或以成、若虫在温室或越冬蔬菜上越冬。春季有翅蚜迁往烟草、早春作物和蔬菜上。迁入的有翅蚜胎生无翅蚜繁殖为害,秋季产生有翅蚜迁往十字花科蔬菜上。10 月中旬以后产生有翅性母蚜迁往桃树,于 10 月底开始交尾产卵。卵多产于枝条的顶端、花芽和叶芽处。

【防治方法】在卵孵化后,桃叶未卷叶之前,防治桃树上的蚜虫,或在蚜虫向烟田迁飞之前,喷药防治其他作物如蔬菜、油菜及马铃薯等上的蚜虫,以减少迁移蚜的数量。苗床期可用纱网阻隔蚜虫进入苗床。

大田生长期,移栽时在烟株根际周围穴施 15％铁灭克 100～150 g/亩、5％涕灭威 500～600 g/亩。其残效期在 60 d 左右,南方烟区应控制使用。蚜量上升阶段喷洒 40％氧化乐果乳油 1 000 倍液、50％辟蚜雾 3 000～5 000 倍液,或 90％万灵可溶性粉剂 3 000～4 000 倍液。及时打顶抹杈。也可利用麦烟套种、银灰色薄膜覆盖等措施,以减轻烟蚜的为害。

(2)烟青虫

烟青虫(tobacco budworm)(*Heliothis assulta* Guenée)又名烟草夜蛾,属鳞翅目夜蛾科。田间多与棉铃虫混合发生。烟青虫属多食性害虫,全国各烟区均有发生,以黄淮烟区,华中烟区及西南烟区的四川、贵州等地发生为害较重。

【形态特征与为害状】成虫体长 15～18 mm。雌蛾身体背面及前翅为棕黄色,雄蛾为淡灰略带黄绿色,腹面淡黄色。卵半球形,高 0.4～ 0.5 mm,初产时乳白色,数小时后变为灰黄色,近孵化时变为紫褐色。 初孵幼虫体长平均 2.0 mm,老熟幼虫 31～41 mm,头部黄褐色。幼 虫体色因食物或环境条件的变化而变化,一般夏季为绿色或青绿色, 秋季多为红色或暗褐色(图 7-13)。

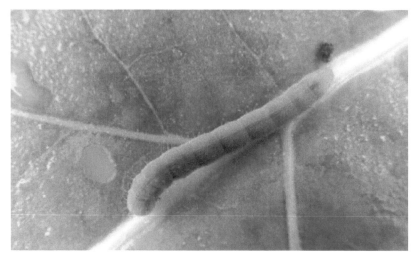

图 7-13 烟青虫

烟青虫在烟草现蕾以前为害新芽与嫩叶,将烟叶吃成小孔洞或缺 刻,并随叶片生长孔洞增加,严重时几乎可将全叶吃光;留种田烟株现 蕾后,为害蕾和花果,有时还能钻入嫩茎取食,造成上部幼芽、嫩叶 枯死。

【发生规律】每年发生代数自南向北逐渐减少,南方烟区 4～6 代,黄淮烟区 3～4 代,东北烟区 1～2 代。以蛹在土中越冬。一般在 4 月底至 6 月中旬羽化。成虫多集中在夜晚活动。卵多散产在烟株中 上部叶片正、反面绒毛较多的部位,也可产于嫩芽、嫩茎、花果及萼 片上。

【防治方法】①冬耕灭蛹。②在发生量较少时可捕杀幼虫,于阴天或清晨,检查嫩叶,如发现有新鲜虫孔或虫粪时,可随即找出幼虫杀死。③利用性诱剂诱杀成虫:成虫盛发期挂置诱芯,诱芯有效期20 d左右,每亩设置1～2个诱捕器。④药剂防治。于幼虫3龄以前用90％万灵粉剂3 000倍液,2.5％敌杀死乳油2 000倍液,50％辛硫磷乳油1 000倍液,Bt剂(每克含1亿活孢子)1 000倍液等喷洒。

(3)地老虎

地老虎(cutworms)类是为害烟草的主要地下害虫,在我国烟区发生的有7～8种,其中小地老虎分布面最广,为害最重,其次是黄地老虎和大地老虎,白边地老虎仅在东北烟区发生,为害较重。地老虎类均属鳞翅目夜蛾科,为杂食性害虫。

【形态特征与为害状】小地老虎成虫头部及胸部褐色或灰褐色,头顶有黑斑。雌虫前翅黑褐色,雄虫前翅棕褐色,肾形斑外有一黑色楔形斑与两个尖端向内的楔形黑斑相对。后翅灰白色。老熟幼虫体色较暗,灰褐色至暗褐色,体表粗糙,有龟裂状皱纹及黑色小颗粒。腹部末节的臀板黄褐色,有两条对称的深褐色纵带,有时不甚明显(图7-14)。

图7-14 地老虎

黄地老虎成虫前翅黄褐色,其上散布小黑点,肾状纹、环状纹及棒状纹明显,各斑纹边缘为黑褐色,中央暗褐色。老熟幼虫腹背面4个毛片大小相近,臀板中央有黄色纵纹,其两侧各有黄褐色大斑。

大地老虎雄蛾前翅前缘黑褐色,环形纹、肾形纹、外横线明显,肾形纹外有一黑色不规则斑,雌蛾前翅暗黑色,幼虫黄褐色,表皮多皱纹。

各种地老虎为害状基本一致,如小地老虎主要以第一代幼虫为害移栽至团棵期的幼苗,造成缺苗断垄;1～2龄幼虫取食嫩烟叶成小孔或缺刻;3龄后昼伏夜出,在近地面处咬断茎。

【发生规律】一般以幼虫越冬。卵多产于土块、枯草或多毛的叶子背面。成虫飞翔力强,有较强的趋化性和趋光性。耕作粗放、地势低洼及杂草较多的烟田受害重。

【防治方法】①深耕细耙,清除田间杂草。②黑光灯或糖酒醋水液(加少量敌百虫)诱杀成虫。新鲜泡桐叶诱捕幼虫(60～80 片/亩)。③90%敌百虫晶体 0.5 kg 加水 2.5～5.0 kg,喷在 50 kg 粉碎炒香的豆饼或麦麸上并拌匀,于傍晚撒到烟苗附近或于栽烟时封于烟窝中,每亩用量 15～30 kg。④50%辛硫磷乳油1 000倍液或 2.5%敌杀死乳油1 200倍液于幼虫 3 龄前喷施。

二、绿色防控措施

坚持以生物物理防治为主,辅助化学防治。

一是加强农业防治,以根系培育及保健栽培为中心推行深翻耕、深挖沟、深移栽、高起垄和水肥营养平衡的"三深一高一平衡"栽培技术,减少不必要的农事操作次数,强调卫生操作,控制病害传播源和传播途径。

二是加强生物物理防治,每 1.5 亩烟田安装 1 个诱捕器,全面覆盖诱杀烟青虫、棉铃虫。

三是用好低残留预防性药剂,全面应用波尔多液和抗性诱导剂"阿泰灵"等预防性药剂;继续推广生物防治技术;依托合作社对烟田周边环境实施统防统治;加强农药管控,所有农药由合作社统一采购管理,严格遵循施药剂量、方法、次数、防治时期和安全间隔期,最大限度减少用药种类和残留。

四是全面推广落实烟芽茧蜂防治烟蚜技术。

三、化学防治

严格按照当年度《农药推荐使用名录》进行化学防治,严禁使用名录以外农药。

1. 预防叶斑类病害

使用波尔多液在团棵期、旺长期预防 2 次;角斑、野火病发生时,用 72% 农用链霉素 3 000 倍稀释液防治;赤星病轻微发生时,用 40% 多菌核净可湿性粉剂稀释 400~500 倍喷雾防治;防治叶斑类病害时,要注意对叶片反正面同时喷洒药剂,以取得更好的防治效果。

2. 预防根黑腐和青枯病

抠苗封垵后,将农用链霉素 42 g/亩、甲基托布津 100 g/亩混匀,稀释 1 000 倍沿茎基部灌入根部。

3. 预防黑胫病

用 58% 甲霜·锰锌 100 g/亩,稀释 600 倍,喷淋烟株和茎基部,重点是茎基部。注意药剂使用应与预防根黑腐和青枯病间隔 3 d 以上。

4. 防控病毒病

于中苗井窖移栽掏苗出膜后、封垵培土前、下部不适用烟叶处理前,用 20% 中烟迎晨(20% 吗胍·乙酸铜可湿性粉剂)50 g/亩,1 000倍稀释液,东旺毒消(24% 混脂酸·碱铜水乳剂)600~900 倍稀释液,交替喷施。

5. 虫害防控

地下害虫用毒饵(敌百虫：麸皮＝1：100)在移栽时防治;烟蚜、灰飞虱与叶蝉用50％吡蚜酮2 500倍稀释液进行防控,分别于中苗井窖移栽掏苗出膜后、移栽后35 d、移栽后55 d各喷1次,每次亩用药量15～20 g;烟青虫用5.7％甲维盐(甲氨基阿维菌素苯甲酸盐)水分散粒剂每亩3 g兑水15 L喷雾,进行预防;虫情发生时,每亩每包(10 g)兑水15 L喷雾防治。

四、波尔多液

波尔多液是一种保护性杀菌剂,由硫酸铜、生石灰和水按一定比例配制而成。波尔多液已多年在烟草上广泛应用,可用于防治病毒病、叶斑类病害、气候斑点病、受机械损伤烟叶等。

配制比例为:硫酸铜：生石灰：水＝1：1：(160～200)。用10％～20％的水溶化生石灰配成石灰乳,用80％～90％的水溶化硫酸铜,然后将稀硫酸铜溶液慢慢倒入石灰乳中,边倒边搅拌,直至充分混合即成。配制时不能把石灰乳倒入硫酸铜溶液中,因为这样配制出的波尔多液容易沉淀,防病效果差,还会出现药害。配制好的波尔多液呈天蓝色,略带黏性,胶态沉淀稳定,悬浮性能良好,质地很细,沉淀速度较慢,是一种悬浊的药液,呈碱性反应,喷在烟上黏着力强,有效期可达15 d左右。如果配成的波尔多液呈蓝绿色或灰蓝色,质地较粗,甚至呈絮状,沉淀较快,则质量不好,影响防治效果。

配制使用注意事项:配制波尔多液时,不能使用金属容器和搅拌器;配制硫酸铜液时要做到完全溶解,以免沉淀和喷洒不均;波尔多液不宜久放,超过24 h后易变质。图7-15为配置波尔多液。

图 7-15　配置波尔多液

五、农药合理使用规程

农药合理使用规程见表 7-2。

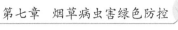

表 7-2　农药合理使用规程

产品名称	防治对象	有效成分常用量	有效成分最高用量	施药方法	最多使用次数	安全间隔期/d
70%吡虫啉可湿性粉剂	烟蚜	3 g/亩	4.5 g/亩	喷雾	2	10
5%啶虫脒乳油	烟蚜	2 g/亩	3 g/亩	喷雾	2	10
0.5%苦参碱水剂	烟青虫	800 倍液	600 倍液	喷雾	2	10
25 g/L 溴氰菊酯乳油	烟青虫	2 500 倍液	1 000 倍液	喷雾	2	10
5%甲氨基阿维菌素苯甲酸盐可溶粒剂	烟青虫	0.15 g/亩	0.2 g/亩	喷雾	2	10
16 000 IU/mg 苏云金杆菌可湿性粉剂	烟青虫	制剂 50 g/亩	制剂 75 g/亩	喷雾	2	10
80%代森锌可湿性粉剂	炭疽病	64 g/亩	80 g/亩	喷雾	2	10
70%甲基硫菌灵可湿性粉剂	根黑腐病	1 000 倍液	800 倍液	喷淋	2	15
25%甲霜·霜霉威可湿性粉剂	黑胫病	800 倍液	600 倍液	喷淋茎基部	2	10
58%甲霜·锰锌可湿性粉剂	黑胫病	800 倍液	600 倍液	喷淋茎基部	2	10
40%菌核净可湿性粉剂	赤星病	500 倍液	400 倍液	喷雾	3	10
3%多抗霉素水剂	赤星病	800 倍液	400 倍液	喷雾	3	10
80%代森锰锌可湿性粉剂	赤星病	96 g/亩	128 g/亩	喷雾	3	10
52%王铜·代森锰锌可湿性粉剂	野火病	67.6 g/亩	78 g/亩	喷雾	3	10
80%波尔多液可湿性粉剂	野火病	600 倍液	400 倍液	喷雾	3	10
8%宁南霉素水剂	病毒病	1 600 倍液	1 200 倍液	喷雾	4	10
125 g/L 氟节胺乳油	腋芽	12.5 mg/株	14 mg/株	杯淋	1	10
330 g/L 二甲戊灵乳油	腋芽	100 倍液	80 倍液	杯淋	1	10
360 g/L 仲丁灵乳油	腋芽	100 倍液	80 倍液	杯淋	1	10

成熟采收与精准烘烤

一、适期成熟采收

1. 成熟采收的基本原则

提高采收烟叶的成熟度是改善烟叶质量、提高等级结构的重要手段。不同部位的烟叶都要根据实际情况适时成熟采收。

下部叶适时早采,中部叶成熟稳采,上部叶充分成熟采收,顶部叶4~6片一次性采收。以此为原则,按部位自下而上逐叶采收,确保采收烟叶的品种、部位、成熟度一致。

2. 成熟烟叶的基本标准

下部叶:烟叶基本色为绿色,稍微显现黄色(6~7成黄);主脉2/3变白,支脉1/3变白;茸毛部分脱落;采摘时声音清脆,断面整齐;叶绿素测定仪 SPAD 值为 20~24。

中部叶:叶片黄绿至浅黄色(8~9成黄),叶耳呈黄绿色,叶尖、叶缘落黄明显;叶面稍皱,部分有黄色成熟斑;主脉全部变白,支脉

1/2 变白;叶片自然下垂,茎叶角度增大;叶绿素测定仪 SPAD 值为 19～22。

上部叶:叶片和叶耳浅黄至淡黄色(9～10 成黄),叶面落黄充分、皱褶多,出现明显的黄色成熟斑;主脉变白发亮,支脉 2/3 以上变白;叶尖下垂,茎叶角度明显增大;叶绿素测定仪 SPAD 值为 15～18 (图 8-1)。

a.下部叶

b.中部叶

c.上部叶

图 8-1 烟叶成熟标准

3. 采收技术

(1)采收时间

结合兰陵实际,下部叶应当适时早收(栽后 80 d 左右);中部叶严格掌握成熟稳采(栽后 95 d 左右);上六片叶充分成熟集中采收(栽后 120 d 左右),确保无下部叶采晚、中部叶采生、上部叶采青现象,原则上 4～5 次采烤完毕(下部 1 炉、中部 2～3 炉、上部 1 炉)。

(2)采收数量和方法

烟叶采收前应根据烤房容量、天气状况和烟叶含水量多少确定采收数量,以防采多或采少。

采收时应轻拿轻放,避免挤压,勿暴晒,堆放不宜过密和时间过长。

烟株生长成熟一致的烟田,每次每株可采 2～3 片,每隔 5～10 d 采 1 次,顶部 4～6 片叶在充分成熟后 1 次采完;烟株生长不一致的烟田,应按部位选择成熟一致的烟叶采收。

二、绑杆装炉

1. 鲜烟叶分类

鲜烟叶分类是提高烟叶烘烤质量的基础。对采收后的烟叶一定要进行鲜烟叶分类,把成熟适中、成熟稍差和过熟烟叶以及病斑烟叶分别绑杆,保证同一杆(夹)烟叶成熟度、叶片大小、颜色、重量都基本一致,坚决杜绝不适用烟叶、低次烟叶、病残叶上炉。在装炉时,根据烤房内各层次的温度差进行配炉,这样才能使烘烤时变化一致,烤后质量一致。

2. 绑烟或夹烟

以烟杆长 1.35 米为例,每杆绑烟 70～75 束,2 片/束,12～15 kg/

杆,具体可根据部位适度浮动。注意不能出现绑烟过多过少、过密过稀或不均匀的现象。

3. 装烟

（1）分类装烟

对于普通烤房和气流上升式密集烤房,变黄快的鲜烟及过熟叶、轻度病叶装在底层,质量好的鲜烟装在中层,欠熟叶装在底层。

对于广泛推广的气流下降式密集烤房,变黄快的鲜烟及过熟叶、轻度病叶装在顶层,质量好的鲜烟装在中层,欠熟叶装在底层。观察窗口附近应放置具有代表性的烟叶。

（2）装烟密度和数量

装炉及时、数量适当、同层均匀,杆距10~12 cm,排湿顺畅。全炉装烟350杆以上;同时保证无装烟过密过稀现象,无装热炉、湿炉、隔日烟现象。

（3）燃料选择

全部使用无烟优质煤炭,严禁采购使用有烟劣质煤炭。

三、精准烘烤工艺

严格按照"沂蒙山"（兰陵）特色优质烟叶生产技术规范推行"精准密集烘烤工艺",掌握"提高起点温度,保湿变黄,增加变黄程度,延长凋萎期,慢升温定色,以湿球温度为中心,循序渐进排湿"的技术要点。

1. 变黄阶段

烟叶变化达到全黄,叶片柔软塌架,主脉折而不断。尽量减少38 ℃之前的变黄时间,重点延长40 ℃阶段的保湿变黄时间。变黄前期以保湿变黄为主,尽量减少排湿;变黄中期采取阶梯式排湿,逐渐加大排湿,严禁集中大排湿;变黄结束时,将湿球温度控制在 36 ℃(上部35 ℃)左右。烘烤时间原则上下部叶为 50～54 h,中部叶为 64～70 h,上部叶为 86～106 h。

2. 定色阶段

及时通风排湿,叶片基本干燥,烟叶颜色固定,正反面色差减小。烘烤时间原则上下部叶不低于 50 h,中、上部叶不低于 60 h。定色前期为最大排湿期,应加大火力,在确保排湿的同时,保持干球温度的稳定;要谨防湿球温度超过 37 ℃或忽高忽低。定色后期为梅拉德反应的重要阶段,直接影响烟叶的颜色和香气,确保烘烤时间在 25 h 以上;要谨防湿球温度超过 39 ℃或忽高忽低。

3. 干筋阶段

主脉干燥,风机持续运行,排湿速度逐渐减小。严禁大幅度降温,以防烟叶洇筋;控制干筋最高温度和湿度,防止烟叶出现烤红。

4. 精准烘烤工艺参数

8 个关键温度点:38 ℃、40 ℃、42 ℃、45 ℃、47 ℃、50 ℃、54 ℃、68 ℃。

主要特点:一是适当提高主变黄温度,以 38～40 ℃为主变黄温度,延长 42 ℃凋萎温度稳温时间,增加烟叶变黄程度和失水量,有利大分子物质的充分降解,促进更多香气前体物质和香气物质的积累形成;二是定色前期以 45～47 ℃为主定色温度以延长稳温时间,减少青筋、挂灰、组织僵硬等低次烟,促使香气物质进一步转化合成;三是降低变黄后期和定色前期湿球温度 1～2 ℃,减少挂灰、黑糟烟;四是延长定色后期(50～54 ℃)的稳温时间,增加香气物质的合成;五是提高定色后期和干筋期湿球温度,增加橘黄烟比例,改善烟叶颜色和色度,减少香气损失,提高能源利用率,降本增效。

第一点:烟叶装炉后,关闭门窗和进风口,点火,5 h 内将干球温度升到 38 ℃,湿球温度控制在 37～38 ℃,稳温 8～12 h,烟叶叶尖变黄,风机中速运转。

第二点:以 2 h 升温 1 ℃的速度,将干球温度升到 40 ℃,湿球温度控制在 37 ℃,稳温 20 h,烟叶变黄 7～8 成,叶片失水发软,风机中速运转。

第三点:以 2 h 升温 1 ℃的速度,将干球温度升到 42 ℃,湿球温度控制在 37～36 ℃,稳温 20 h,烟叶黄片青筋,主脉发软,风机高速运转。

第四点:以 2 h 升温 1 ℃的速度,将干球温度升到 45 ℃,湿球温度控制在 37～38 ℃,稳温 12 h,烟叶大部分青筋变白,勾尖卷边,风机高速运转。

第五点:以 2 h 升温 1 ℃的速度,将干球温度升到 47 ℃,湿球温度控制在 37～38 ℃,稳温 12 h,烟叶黄片黄筋,接近小卷筒,风机高速运转。

第六点:以 1 h 升温 1 ℃的速度,将干球温度升到 50 ℃,湿球温度控制在 38 ℃,稳温 6～8 h,烟叶黄片黄筋,接近大卷筒,风机中速运转。

第七点:以 1 h 升温 1 ℃的速度,将干球温度升到 54 ℃,湿球温度控制在 39 ℃,稳温 6～8 h,烟叶黄片黄筋,接近大卷筒,风机中速运转。

第八点:以 1 h 升温 1 ℃的速度,将干球温度升到 68 ℃,湿球温度控制在 40～42 ℃,稳温 24 h,全炕烟叶干筋,风机中低速运转。

气流下降式密集烤房八点式烘烤工艺见表 8-1,各阶段目标烟叶标准见表 8-2。

表 8-1　气流下降式密集烤房八点式烘烤工艺

干球温度/℃	湿球温度/℃	升温速度	稳温时间/h	目标任务	风机风速/Hz
38	37~38	点火后 5 h 升到 38 ℃	8~12	顶棚叶尖变黄	低速运转（30）
40	38	2 h 1 ℃升到 40 ℃	20	顶棚黄片青筋，叶片发软	低速运转（35）
42	37~36	2 h 1 ℃升到 42 ℃	20	底棚黄片青筋，主脉发软	高速运转（35~40）
45	36~38	2 h 1 ℃升到 45 ℃	15	顶棚黄片黄筋，小卷筒	高速运转（40~45）
47	36~38	2 h 1 ℃升到 47 ℃	15	底棚黄片黄筋，小卷筒	高速运转（40~45）
50	38	1 h 1 ℃升到 50 ℃	10	顶棚大卷筒	高速运转（40~35）
54	39	1 h 1 ℃升到 54 ℃	15	底棚大卷筒	低速运转（40~35）
68	42	1 h 1~2 ℃升到 68 ℃	15	全炉干筋	低速运转（35）

表 8-2　各阶段目标烟叶标准

干球温度	38 ℃	40 ℃	42 ℃	45 ℃
目标烟叶照片				
干球温度	47 ℃	50 ℃	54 ℃	68 ℃
目标烟叶照片				

第九章

烟叶分级与收购

一、烟叶分级

1. 卸炉回潮

(1)回潮方法

一是在外界空气相对湿度较高的情况下,确认全房烟叶完全干筋后,停止加热,关闭风机电源,当烤房温度降低至 45~50 ℃时,打开装烟门、冷风进风口和排湿口,让烟叶自然吸潮,以达到要求的水分标准。二是在外界空气相对湿度较低的情况下,当烤房温度降至 50~55 ℃时,向装烟室和加热室地面均匀泼水,然后开启风机通风,并用小孔径水管向炉顶及换热器外壁慢速喷射清水,用所产生的蒸汽提高循环风的湿度而回潮烟叶。若回潮时火炉火管已明显回冷,则可用柴草重新烧一段时间火,促进水分汽化,使烟叶达到要求的水分标准。

(2)堆放要求

堆放原理:有适宜含水量的初烤烟叶堆放一段时间,经过初步发酵和陈化,烟叶外观和内在化学成分发生相应变化,品质得到改善和提高。

堆放要求:一是堆放地点要干燥,不受阳光直射,远离化肥、农药等有异味物质。二是以烟垛形式堆放,烟垛高度不超过 1.5 m,长宽根据实际情况而定。三是不同部位、不同质量的烟叶分开堆放。堆放时叶尖向里,叶基向外,叠放整齐,个别湿筋或湿片烟叶必须剔除。堆好后用塑料薄膜、麻布等盖严,并覆盖遮光物,防止烟叶褪色。四是定期检查,防止温度过高和湿度过大造成烟叶霉烂变质。

2. 烟叶初分

将出炉后的烟叶 3 d 内做好去青、去杂、去除非烟物质为主的烟叶初分工作。

初分标准要求为:烟叶青、杂比例不超过 5%,混部比例不超过 10%,无非烟物质,烟叶水分达到 16%～18%。

初分后的烟叶按炉次、部位分类存放。烟叶存储过程中要防晒,防褪色,防潮,防霉变。

3. 烟叶预检

预检员按预检质量标准逐户进行烟叶预检,初分预检合格烟叶,由预检员开具"烟叶预检合格单",烟农签字认可并留存作为交售凭据,达不到要求的指导烟农重新加工。

预检合格烟叶按每 10 kg 左右进行打捆,预检员当面监督封签,并约时、约量、分部位到站交售。

二、烟叶交售

1. 专业化分级

(1)精准预约

收购前 1～2 d,分级组长根据收购进度、烟站约时定点轮流交售

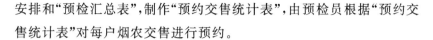

安排和"预检汇总表",制作"预约交售统计表",由预检员根据"预约交售统计表"对每户烟农交售进行预约。

（2）门前验证

门前验证员根据分级组长提供的预约情况对进入的烟农进行检查,包括合同本、身份证、IC 卡、预检时间以及预检数量等内容,合格的发放交售顺序号并加盖烟站识别章,按照顺序号进入候烟区。

（3）待分区初检

烟农进入候烟区,分级组长先收预检合格单,开捆查看是否去青去杂,有无非烟物质,检测水分是否合格。将各项指标合格的烟叶进行登记,合格的由辅助工按"调度单"上的台位进行上台。上台时每小组上一户的烟叶,做到一户一清。不合格烟叶直接退回,不得进入分级区。

（4）专业化分级

第一工位负责对烟农去青去杂进行验收,合格的进行分组,不合格的作好记录,同时剔除青杂糊烟叶并分主副组;第二工位负责分部位和组别较少的烟叶;第三工位负责较多色组的烟叶。对分好等级的烟叶按同等级存筐,副组烟叶专筐专用并及时退出。

（5）质量验收

分级小组长对分级工分好的烟叶进行验收,等级纯度达到98%以上的烟叶,报请质管员初验;低于98%的责令分级工返工,合格后再报请质管员初验。挑出的部分不合格烟叶及时退出专分区。

2. 散叶收购

（1）质管员初验

质管员对报请初验的烟叶进行逐筐检验,主要检查筐内烟叶是否混有青杂,部位是否一致,非烟物质和水分是否符合规定要求。合格的开具分级合格证（初验单）,进入收购流程;不合格的责令分级工组织返工。

（2）定级

对于进入定级区的烟叶，定级员先看每筐烟叶上下是否一致，再进行定级，填写"定级单"，放置等级牌，与烟农进行分级台位、等级、价格确认，待烟农确认交售后即可过磅。定级员应按全县平衡的要求，坚持对样收购，合理定级，保证收购烟叶"一次合格"，提高收购等级合格率。

（3）过磅入库

经定级员检验定级、烟农确认交售的烟叶，即可过磅入库。

（4）主检复检（定级员）

主检对验收入库的烟叶要随时进行复检，对定级后入库的烟叶负全责。

（5）库内等级平衡

烟站要始终坚持"三查两看一报"制度。"三查"即定级抽叶查，入库堆码查，出站抽包查，定级员每天至少进行两次自查，及时纠正收购中的偏差；"两看"即上场看样品，下场看仓库；"一报"即每天收购结束后，站长组织主检、定级员、质管员和保管微机员核查烟叶等级、数量、等级合格率、成包等情况，并做好痕迹化管理。

三、收购质量控制

（1）由工商双方代表成立收购质量监督检查小组，统一认识、统一眼光、统一标准。

（2）工商双方采取定期和不定期相结合的检查与抽查方式，对烟农分级和收购站点及调入中心库烟叶按照等级质量要求进行检查指导，检查结果及时反馈给工商双方相关部门，作为烟叶工商交接的重要依据。

（3）规范收购秩序，净化收购市场，为烟叶收购提供和谐环境。

（4）对于混等级、混部位、混颜色的情况及时提出整改要求，水分严重超限、霉烂、掺杂使假的烟叶一律不予收购。

（5）严格控制非烟物质，无尼龙绳（丝）、线头、动物毛发、塑料薄膜等非烟物质。引导烟农下杆时主动去除非烟物质。专业化分级场地和收购场地设置非烟物质筐，及时对塑料袋、捆扎绳等非烟物质进行收集；保持仓库地面清洁，无杂物；防止生活物品、包装物品等非烟物质混入烟包。

参考文献

[1] 山东省农业科学院,中国农业科学院烟草研究所. 山东烟草[M]. 北京:中国农业出版社,1999.

[2] 中国农业科学院烟草研究所. 中国烟草栽培学[M]. 上海:上海科学技术出版社,2005.

[3] 马兴华,石屹,王树声. 烤烟优质高效栽培理论与技术[M]. 北京:中国农业出版社,2019.

[4] 朱贤朝,王彦亭,王智发. 中国烟草病虫害防治手册[M]. 北京:中国农业出版社,2002.

[5] 吴洪田,张忠锋,徐立国. 烟叶生产技术与管理创新[M]. 北京:中国农业科学技术出版社,2022.

[6] 2022 年诸城市国民经济和社会发展统计公报,诸城市统计局。

[7] 2022 年临朐县国民经济和社会发展统计公报,临朐县统计局。

[8] 2022 年兰陵县国民经济和社会发展统计公报,兰陵县统计局。

[9] 罗登山,王兵,乔学义. 全国烤烟烟叶香型风格区划解析[J]. 中国烟草学报,2019,25(4):1-9.

[10] 乔学义,王兵,熊斌,等. 全国烤烟烟叶特征香韵地理分布及变化[J]. 烟草科技,2017,50(5):66-72.

[11] 乔学义,申玉军,马宇平,等. 不同香型烤烟烟叶香韵研究[J]. 烟草科技,2014,(2):5-7,14.

[12] 徐波,张国超,包自超,等. 山东各产地烤烟烟叶香型风格特征与差异[J]. 湖南农业科学,2020(8):88-92.

[13] 周会娜,刘萍萍,张玉霞,等. 八大香型风格新鲜烟叶代谢特征的

生态成因分析[J].烟草科技,2022,55(6):19-26.

[14] 贾兴华,王元英,佟道儒,等.烤烟新品种中烟100(CF965)的选育及其应用评价[J].中国烟草学报,2006(2):20-25.

[15] 张玉,刘杨,王元英,等.烤烟新品种中川208的选育及特征特性[J].中国烟草科学,2019,40(5):1-7.

[16] 晁江涛,吴新儒,宋青松,等.烤烟新品种中烟特香301的选育及特征特性[J].中国烟草科学,2022,43(3):7-13.

[17] 孙延国,马兴华,黄择祥,等.烟草温光特性研究与利用:I.气象因素对山东烟区主栽品种生育期的影响[J].中国烟草科学,2020,41(1):30-37.

[18] 孙延国,马兴华,姜滨,等.烟草温光特性研究与利用:II.气象因素对山东主栽烤烟品种生长发育及产质量的影响[J].中国烟草科学,2020,41(3):44-52.

[19] 孙延国,王永,张杨,等.烟草温光特性研究与利用:III.基于温光效应的烟草叶片生长模拟模型建立[J].中国烟草科学,2022,43(4):6-14.

[20] 张重义,谢小波,王毅,等.烟草化感自毒作用与其连作障碍研究的启示[J].中国烟草学报,2011,17(4):88-92.

[21] 于宁,关连珠,娄翼来,等.施石灰对北方连作烟田土壤酸度调节及酶活性恢复研究[J].土壤通报,2008(4):849-851.

[22] 周挺,梁颂捷,张炳辉,等.间套作防控烟草病虫害研究进展[J].中国烟草科学,2020,41(5):105-112.

[23] 芦伟龙,董建新,宋文静,等.土壤深耕与秸秆还田对土壤物理性状及烟叶产质量的影响[J].中国烟草科学,2019,40(1):25-32.

[24] 刘勇军,周羽,靳志丽,等.有机物料类型对烟草根际微生物及烟叶产质量的影响[J].土壤,2018,50(2):312-318.

[25] 孙艳茹.山东烟区绿肥作物冬牧70黑麦生长的适宜水分温度条件研究[D].北京:中国农业科学院,2016.

[26] 常帅,闫慧峰,杨举田,等.两种禾本科冬绿肥生长规律及腐解特征比较[J].中国土壤与肥料,2015(1):101-105.

[27] 芦海灵,张翔,李亮,等.深耕和绿肥掩青条件下生物炭对烟叶产质量和土壤养分的影响[J].烟草科技,2021,54(5):14-22.

[28] 刘海伟,刘江,张金林,等.山东烟叶杂气类型及其与化学成分的相关性研究[J].山东农业科学,2022,54(1):49-54.

[29] 王玉林,孙延国,高俊,等.施氮量与种植密度对'中烟100'烟叶产量及化学成分的影响[J].山东农业科学,2022,54(7):113-121,134.

[30] 侯跃亮,李现道,杨举田,等.山东省不同基因型烤烟新品种生态适应性研究[J].山东农业科学,2018,50(11):58-65.

[31] 鹿莹,梁晓芳,管恩森,等.移栽时间对烤烟光合特性、产量和品质的影响[J].中国烟草科学,2014,35(1):48-53.

[32] 陈克玲,刘杨,夏春,等.120cm行距下不同株距对烤烟品种干物质与氮钾养分积累的影响[J].山东农业科学,2022,54(9):99-105.

[33] 陈东,邹静,郭刚刚,等.不同规格育苗盘对烟苗素质及主要生理特性的影响[J].作物杂志,2023(1):129-135.

[34] 刘继坤.种植密度对烤烟品种NC55生长发育的影响及机制[D].北京:中国农业科学院,2018.

[35] 杜传印,王德权,夏磊,等.水肥一体化条件下减施氮肥对烤烟生长及生理特性的影响[J].中国烟草科学,2018,39(6):29-35.

[36] 霍昭光,孙志浩,邢雪霞,等.北方烟区水肥一体化对烤烟生长、根系形态、生理及光合特性的影响[J].中国生态农业学报,2017,25(9):1317-1325.

YOUZHI YANYE
DINGXIANG SHENGCHAN
JISHU SHOUCE

优质烟叶
定向生产技术手册

石屹　王永　孙延国◎等著

LINQUPIAN

临朐篇

中国农业大学出版社
China Agricultural University Press

内 容 简 介

烤烟是山东省重要的经济作物之一，常年种植面积 2 万余公顷，涉及烟农 1 万余户，在烟区乡村振兴中具有重要作用。山东烟叶以干草香韵、正甜香韵为主体，正甜香韵突出，回甜感强，是中式卷烟配方中不可或缺的原料。

为进一步提高山东烟叶品质与工业可用性，山东烟草工商研三方密切合作，突破了土壤适宜性提升、推荐施肥、生育期优化等关键技术，创新了烟叶全收全调模式，整体提升了山东烟叶品质，增加了烟农收入。

本丛书提供了基于"泰山"品牌卷烟需求的烟叶品质提升路径，阐述了临朐、兰陵、诸城优质烟叶生产关键环节的技术要点与注意事项，具有较强的实用性和可操作性，可供该区域烟叶生产管理人员、技术人员、烟农使用，对其他产区也有借鉴意义。

图书在版编目(CIP)数据

优质烟叶定向生产技术手册．临朐篇 / 石屹等著. -- 北京：中国农业大学出版社，2024.5

ISBN 978-7-5655-3136-1

Ⅰ.①优⋯ Ⅱ.①石⋯ Ⅲ.①烟叶－生产技术－技术手册 Ⅳ.①TS45-62

中国国家版本馆 CIP 数据核字(2024)第 086942 号

书　　名	优质烟叶定向生产技术手册·临朐篇
作　　者	石　屹　王　永　孙延国　等著

策划编辑	康昊婷	责任编辑	康昊婷　刘彦龙
封面设计	中通世奥图文设计		
出版发行	中国农业大学出版社		
社　　址	北京市海淀区圆明园西路 2 号	邮政编码	100193
电　　话	发行部 010-62733489,1190	读者服务部	010-62732336
	编辑部 010-62732617,2618	出　版　部	010-62733440
网　　址	http://www.caupress.cn	E-mail	cbsszs@cau.edu.cn
经　　销	新华书店		
印　　刷	河北虎彩印刷有限公司		
版　　次	2024 年 5 月第 1 版　　2024 年 5 月第 1 次印刷		
规　　格	148 mm×210 mm　　32 开本　　4.625 印张　　116 千字		
定　　价	99.00 元(全三册)		

前　言
Preface

　　烤烟是山东省重要的经济作物之一,主要分布在潍坊、临沂、日照等地区,在促进当地农民增收、推进乡村振兴中发挥了重要作用。同时,山东烟区也是山东中烟"泰山"品牌卷烟原料的主要来源地,山东中烟年度调拨山东烟叶量占其总量的比例达到40%以上。但以往山东烟叶主要应用在"泰山"品牌三类及以下卷烟规格当中,在中高档卷烟配方中使用比例不高。近年来,随着"泰山"品牌一、二类卷烟产销量的大幅提升,山东烟叶在"泰山"品牌配方中的使用矛盾日益突出,如不采取解决措施,山东烟叶无效库存将持续增加,势必影响山东工商双方正常的烟叶生产收购与调拨工作,进而影响到烟农植烟积极性。鉴于此,2019年,山东中烟工业有限责任公司联合中国农业科学院烟草研究所以及潍坊、临沂、日照等地烟草公司,启动实施了"基于'泰山'品牌需求的山东烟叶定向栽培技术与应用"重点科技项目,通过3年攻关,创新设计了烟叶全收全调模式,优化了优质产区布局,构建了山东烟叶分类定向生产技术体系,整体提升了生产水平和烟叶品质,提高了山东烟叶在"泰山"品牌中高档卷烟配方中的使用水平,实现了将山东烟叶独特的"蜜甜香"风格特色转变成"泰山"品牌中高档卷烟产品的竞争优势。为了巩固、落实项目研究成果,为全收全调烟区生产技术人员和烟农提供一部翔实的生产工具书,我们特编写《优质烟叶定向生产技术手册》丛书。

　　本丛书共分三册,分别为《优质烟叶定向生产技术手册·临朐篇》《优质烟叶定向生产技术手册·兰陵篇》《优质烟叶定向生产技术手册·诸城篇》,其中临朐、兰陵、诸城分别是山东香味型、香吃味型、吃味型烟叶产区的典型代表区。三本手册内容架构基本一致，每本分九章，第一章介绍当地基本情况，第二章提供各地优质烟叶生产途径，第三章描述土壤健康管理内容，第四章介绍各地主栽优良品种，第五章描述培育无病壮苗技术，第六章系统总结田间定向栽培技术体系，包括起垄、施肥、移栽、灌溉、揭膜培土、打顶留叶等各个环节，第七章介绍烟草主要病虫害及绿色防控措施，第八章提供成熟采收与精准烘烤技术，第九章介绍烟叶分级与收购内容。

本丛书以图文并茂的形式详细地描述了烟叶定向生产各个环节的技术要点与注意事项，提供了如何在基于工业需求的情况下开展定向生产工作的思路，文字描述通俗易懂，具有较强的实用性和可操作性，可供广大烟叶生产技术人员、烟农参考使用，保障定向生产技术落实到位。

本丛书编写过程中，中国农业科学院烟草研究所，山东中烟工业有限责任公司，山东省烟草专卖局（公司），山东潍坊烟草有限公司及诸城、临朐分公司，山东临沂烟草有限公司及兰陵分公司，山东日照烟草有限公司等单位给予了大力支持，在此一并表示衷心感谢！

限于编著者水平，书中不足之处在所难免，恳请广大读者批评指正。

2023 年 10 月

著　者

目 录

Contents

第一章

临朐基本情况

一、临朐地理环境

1. 地理位置

临朐县地处山东省中部,鲁中山区的东北边缘,潍坊市西南部,位于北纬 36°04′~36°37′,东经 118°14′~118°49′,东与昌乐、安丘毗邻,南与沂水接壤,西界沂源县,北邻青州市,南北最长 59 km,东西最宽 52 km,总面积1 835 km²。辖 12 个镇(街道、管委会)345 个行政村,86.7 万人口,其中农业人口 74 万,总面积 1 835 km²,土壤面积 275.3 万亩(1 亩≈667 m²),其中耕地面积 73.8 万亩。

2. 地形地貌

临朐县境内岗岭交错,河流贯绕,地形复杂;地势南高北低,北部海拔 100~200 m,西南部海拔 300~1 031 m,全县平均海拔 250 m。全县山区占 47%,丘陵占 33%,平原占 20%。山区主要分布在临朐西部、南部,丘陵主要分布在临朐的东部、东南部,平原主要分布在临朐北部(图 1-1)。

图 1-1 临朐山区典型地貌

3. 气候条件

临朐全年平均气温 14.2 ℃,总降水量 1 000 mm,全年日照时间 2 300 h。

临朐烟区烟草生育季内,平均气温为 23.92 ℃,其中 7 月下旬最高,为 27.00 ℃,平均气温大于 25 ℃的时间段为 6 月下旬至 8 月中旬;>10 ℃的平均积温为 3 164.22 ℃;整个烟草生育季内,平均相对湿度为 69.64%,降水量为 432.58 mm,其中降水量最大的为 7 月下旬,降水量>40 mm/旬的时间段为 7 月上旬至 8 月下旬,雨热之间有 10 d 左右的时间差;气温日较差为 10.67 ℃,以 5 月下旬为最大;整个烟草生育季蒸发量为 930.88 mm,其中蒸发量大于 80 mm/旬的时间段为 5 月中旬至 6 月下旬;整个烟草生育季日照时数为 937.54 h。临朐烟区主要气象特征见表 1-1。

表 1-1 临朐烟区主要气象特征

月	旬	平均气温 /℃	平均相对湿度 /%	降水量 /mm	气温日较差 /℃	蒸发量 /mm	日照时数 /h
5月	上	18.55	58.86	17.27	12.86	78.11	81.93
	中	19.72	59.71	24.85	11.96	81.01	85.39
	下	21.86	58.81	15.37	13.68	91.76	92.99

续表 1-1

月	旬	平均气温 /℃	平均相对湿度 /%	降水量 /mm	气温日较差 /℃	蒸发量 /mm	日照时数 /h
6 月	上	23.37	59.50	11.23	12.20	90.02	76.65
	中	24.60	61.11	27.47	12.19	90.86	77.52
	下	25.52	68.52	37.01	10.41	81.08	66.47
7 月	上	26.33	71.39	41.79	9.98	75.14	68.09
	中	26.17	75.62	46.41	8.88	60.56	57.32
	下	27.00	78.00	52.49	8.91	67.90	68.02
8 月	上	26.50	79.56	47.57	8.51	57.06	62.00
	中	25.36	79.25	51.77	8.67	53.87	63.50
	下	24.00	78.81	41.98	9.77	54.14	71.73
9 月	上	22.03	76.13	19.37	10.70	49.38	65.93

4. 自然资源

（1）土壤资源

全县土壤可分为棕壤、褐土、潮土和砂姜黑土 4 大类,棕壤性土、棕壤、潮棕壤、褐土性土、褐土、潮褐土、淋溶褐土、河潮土、砂姜黑土 9 个亚类,14 个土属。棕壤主要分布在临朐东部、东南部丘陵山区,占土壤面积的 52.47%;褐土主要分布在临朐西部、西南部山区,占土壤面积的 46.12%;其他土类占 1.41%。棕壤土类 pH 为 6.5 左右,褐土类 pH 为 6~6.5,其他土类 pH 为 7~7.5。

（2）水利资源

县境内河流均属雨源性河流,较大支流有 230 条,分属弥河、汶河两大水系,总长 571 km,平均地表径流量 3.72 亿 m^3,地下水储量 2.28 亿 m^3,水域面积 2.4 万亩。全县有大中型水库 6 座,小型水库 139 座,塘坝 377 座,多年平均拦水蓄量 2.5 亿 m^3。多年来,通过开展以农田水利基本建设为重点的山区综合开发,以及烟草部门大幅度的烟叶基础设施建设投入,农田灌溉条件得到全面改善。其中:投资 3.8 亿元,全面完成了 142 座中小型水库除险加固任务;以"小型农田水利重点县"建设为契机,投资 1.2 亿元,深入开展农田水利和灌区改造等基础设施建设,扩大旱涝保收高标准农田 5 万亩、节水灌溉 3.2 万亩、治理水土流失 9.1 km²;投入 1.5 亿元,建成沂山水厂等集中供水水厂 19 处,农村自来水普及率达到 92%,促进了农村饮水安全。水土流失综合治理程度达到 60% 以上,成为全国水土保持生态环境建设标准示范县之一。

（3）生态条件

全县林地面积达到 122 万亩,森林覆盖率 45.7%,被评为全国绿化模范县、国家级生态示范区。境内旅游资源丰富,名胜众多,有世界文化遗产齐长城遗址、沂山国家森林公园、山旺国家地质公园、淌水崖水库国家水利风景区等著名景区景点 20 余处,是中国最佳生态旅游县之一。"石门红叶染青山,龙湾海浮即江南。山旺化石书万卷,东镇碑林纪千年。巨洋湖波连天涌,沂山双崮锁云烟。淌水黑松涛震谷,嵩峰抹黛映龙潭"是临朐美好景观的真实写照。其中位列全国五镇之首的沂山坐落在临朐县南部,是"弥、汶、沂、沭"四河的发源地,沂山森林覆盖率达到 98% 以上。

二、临朐社会经济状况

1. 人口状况

第七次全国人口普查公报显示,临朐县常住人口为 806 314 人,其中,男性人口占比 51.49%,女性人口占比 48.51%;年龄结构中 0～14 岁占比 19.34%,15～59 岁占比 56.62%,60 岁以上占比 24.04%,65 岁以上占比 17.12%。2022 年人口规模相对稳定。年末全县户籍总户数为 303 778 户,户籍总人口 924 381 人,其中:男性 476 593 人,女性

447 788人。全年出生人口5 240人,死亡人口7 197人,人口自然增长率为-2.11‰。

2. 经济状况

2022年临朐经济运行稳中有进。地区生产总值统一核算结果显示,全县实现地区生产总值(GDP)409.19亿元,按可比价格计算,比上年增长4.4%。一、二、三产业协调发展,三次产业内部结构不断优化,二、三产业继续成为全县经济增长的主要力量。其中,第一产业增加值45.09亿元,增长2.7%;第二产业增加值169.15亿元,增长4.7%;第三产业增加值194.05亿元,增长4.6%。三次产业结构由2021年的11.56∶40.71∶47.73调整为11.24∶41.34∶47.42。

3. 农业经济

临朐乡村振兴高效推进,聚焦打造以大樱桃为重点的林果业百亿级产业集群,实施省级现代农业产业园等18个县级重点乡村振兴项目,成功争创国家级农产品产地保鲜整县推进试点。实施现代种业提升工程,全面推进育种技术创新升级。引进优良品种200个,华良种业被评为国家"育繁推一体化"企业。山东临朐优质多抗大白菜育种创新能力项目申报2023年中央预算内资金,在全省13个项目评审中获得第一名。聚焦打造"临朐一桌好饭"品牌,加快发展预制菜产业,规划建设奶业、蜜源、红香椿等9大预制菜原材料供应基地,不断创造临朐特色预制菜产业新优势。争创省级产业强镇3个,省级乡土产业名品村11个,市级现代农业产业园2个,市级田园综合体1家,培育农业产业化省级重点龙头企业1家。九山薰衣草小镇被评为首批省级乡村振兴齐鲁样板示范区。寺头镇杨庄等4个社区被认定为"潍坊市美丽宜居示范社区"。新创建三级美丽乡村273个,其中创建省级美丽乡村示范村6个,市级美丽乡村示范镇2个、示范村50个。

2022年全县完成农林牧渔业总产值88.6亿元,按可比价格计算比上年增长3.7%。粮食及经济作物生产平稳。据抽样调查,全县粮食播种面积 41.8 万亩,比上年增长 0.1%;粮食总产量 16.8 万 t,增长 0.4%。其中,夏粮 11.8 万亩,增长 0.4%,单产 365.3 kg,增长 0.1%,总产 4.3 万 t,增长 0.5%;秋粮 30 万亩,下降 0.04%,单产 415.8 kg,增长 0.4%,总产 12.5 万 t,增长 0.3%。全县果园面积 20 万亩,增长 4.1%,水果产量 38.7 万 t,增长 4.1%。

三、临朐烤烟发展状况

1. 临朐烤烟生产历史

临朐烤烟生产多年来一直处于全国烟叶生产前列,特别是在二十世纪八十、九十年代多次承办、举办全国烟叶生产观摩现场会,曾连续 8 年被中国烟草总公司授予"全国烟叶生产收购工作先进单位"等荣誉称号(图 1-2)。

图 1-2　临朐烤烟荣誉

2012 年 3 月,临朐获得"临朐烤烟"地理标志(图 1-3),意味着临朐烟叶生产进入了一个新的发展阶段和战略机遇期。

图 1-3 临朐烤烟地理标志

近几年,临朐县严格按行业种植计划组织生产,烤烟种植规模稳定在 2 万亩以上。围绕提高烟叶质量和增加烟农收入,突出生育期优化、中棵烟培育两个重点,落实"布局优化、控氮增密、水肥一体、采烤一体、土壤保育、绿色防控"六项关键技术,烟叶生产工作稳步推进。

2. 临朐烤烟生产现状

(1)临朐烟区分布

临朐烟草种植分布广泛,不同种植区生态条件存在差异。一般将临朐烟区分为东部、南部和西部 3 个亚区,其中东部主要包括辛寨烟站、柳山烟站和沂山烟站北部,占临朐植烟面积的 40%～50%;南部主要包括沂山烟站南部和白沙烟站,占临朐植烟面积的 20%～30%;西部主要包括冶源、寺头、嵩山、吕匣 4 个烟站,占临朐植烟面积的 30%。

(2)烟区土壤类型及肥力状况

东部烟区一般分布在丘陵顶部,土壤较厚,普遍存在石灰反应;一般为褐土性土;土壤质地为沙土至沙质壤土(图 1-4)。

南部烟区普遍土层薄,花岗岩母质,土体内砾石多,沙性强,一般为棕壤性土或粗骨土;土壤质地为沙质黏土至沙质壤土(图 1-5)。

西部烟区土层普遍偏薄,一般在 25 cm 以下为母岩;土体内含有大量砾石,普遍存在石灰反应;一般为雏形土、粗骨土和褐土性土;土壤质地为壤土至壤质黏土(图 1-6)。

图1-4 东部烟区典型点土壤剖面和烟株生长情况

图1-5 南部烟区典型点土壤剖面和烟株生长情况

　　土壤肥力指标又称土壤养分丰缺指标,主要根据作物相对产量的不同水平进行划分,对烟草而言,确定植烟土壤的养分丰缺指标综合

图 1-6 西部烟区典型点土壤剖面和烟株生长情况

考虑了烟叶产量和品质两个指标。根据烤烟养分需求特征,结合植烟土壤养分普查的结果,我国植烟土壤养分丰缺指标体系采用了 3～5 级的指标体系。与烟草产量与品质密切相关的土壤肥力指标主要是 pH、有机质含量、碱解氮含量、有效磷含量、速效钾含量、氯离子含量(表 1-2)。

表 1-2 植烟土壤养分丰缺指标

指标	等级标准				
	极缺乏	缺乏(低)	适宜(中)	丰富(较高)	极丰富(高)
pH	＜4.5	4.5～5.5	5.5～7.0	7.0～7.5	＞7.5
有机质/(g/kg)	＜5	5～10	10～15	15～20	＞20
碱解氮/(mg/kg)	＜30	30～50	50～70	70～100	＞100
有效磷/(mg/kg)	＜5	5～10	10～20	20～40	＞40
速效钾/(mg/kg)	＜80	80～150	150～220	220～350	＞350
氯/(mg/kg)	＜5	5～10	10～30	30～45	＞45

临朐烟区土壤 pH 表现为北高南低的特征,均在适宜范围内。土壤 pH 在 6.5 以下区域主要分布在白沙烟站南侧、嵩山烟站南侧、寺头烟站东侧和辛寨烟站东侧(图 1-7、表 1-3)。

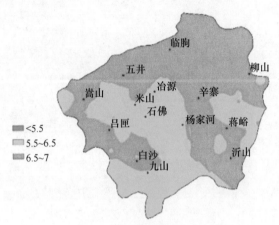

图 1-7　临朐烟区土壤 pH 分布图

表 1-3　临朐烟区不同亚区土壤 pH 分布特征

亚区	分布范围	平均值	中位数
东部	5.99～6.96	6.53	6.54
南部	5.57～7.30	6.55	6.63
西部	6.06～6.93	6.51	6.51

临朐烟区土壤有机质含量表现为西高东低的特征。西部烟区土壤有机质含量普遍在丰富水平(>15 g/kg);南部烟区土壤有机质含量普遍在适中水平;东部烟区的南侧土壤有机质含量普遍低于 10 g/kg(表 1-4)。

表 1-4　临朐烟区不同亚区土壤有机质含量分布特征　　　　g/kg

亚区	分布范围	平均值	中位数
东部	6.26～16.88	10.31	9.96
南部	5.88～21.43	15.37	15.36
西部	13.09～34.51	20.21	19.25

临朐烟区土壤碱解氮含量表现为西高东低特征。嵩山烟站西部和南部、吕匣烟站全部的土壤碱解氮含量均为丰富水平;嵩山烟站北部和寺头烟站南部和吕匣烟站南部的部分区域土壤碱解氮含量在很丰富的水平;东部烟站除个别区域外土壤碱解氮含量均在适中水平(表1-5)。

表1-5　临朐烟区不同亚区土壤碱解氮含量分布特征　mg/kg

亚区	分布范围	平均值	中位数
东部	11.48～94.83	50.65	48.38
南部	28.70～246.00	75.36	65.60
西部	13.12～180.40	77.67	72.93

临朐烟区土壤有效磷含量表现为西低东高的特征。吕匣烟站东部和寺头烟站南部土壤有效磷含量为适中的范围;西部烟区南部和西部、南部烟区土壤有效磷含量为丰富的范围;东部烟区土壤有效磷含量为很丰富的范围(表1-6)。

表1-6　临朐烟区不同亚区土壤有效磷含量分布特征　mg/kg

亚区	分布范围	平均值	中位数
东部	13.63～128.75	54.52	50.29
南部	1.73～84.05	27.88	15.53
西部	6.69～101.31	38.27	27.60

临朐烟区土壤速效钾含量表现为西部高、东部和南部低的特征。白沙烟站、辛寨烟站和柳山烟站土壤速效钾含量为缺的水平;沂山烟站、嵩山烟站西部和吕匣烟站土壤速效钾含量为适中的水平;嵩山烟站东部和寺头烟站土壤速效钾含量为丰富的水平(表1-7)。

表1-7　临朐烟区不同亚区土壤速效钾含量分布特征　mg/kg

亚区	分布范围	平均值	中位数
东部	56.32～384.09	128.57	117.20
南部	14.13～240.22	112.95	105.92
西部	86.16～376.95	207.55	208.18

少量的氯对烟草产量和烟叶质量都有一定的积极意义,但氯仍然是降低烟叶燃烧性的最主要因素。可种植烟草的土壤氯离子最高限量为 45 mg/kg,烟草种植适宜和最适宜区土壤氯离子含量不得超过 30 mg/kg。除吕匣烟站个别地块,临朐烟区土壤氯离子含量普遍低于 20 mg/kg。

(3)临朐烟叶风格特征

临朐烟叶风格特征是蜜甜焦香型,以干草香、正甜香为主体香韵,焦香、木香、坚果香、辛香为辅助香韵;化学成分呈现碱高,氮低,糖适中,糖碱比钾氯比适宜,柠檬酸、异亮氨酸、芸香苷含量丰富的特点;主要次生代谢物呈现糖类物质显著上调,多酚类物质下调的特点。临朐典型烟叶香韵特征雷达图见图1-8。

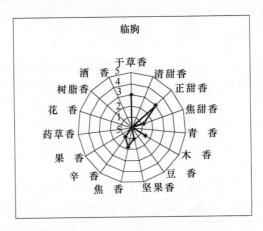

图1-8　临朐典型烟叶香韵特征雷达图

3. 临朐烤烟发展方向

临朐烤烟要谋求发展,就必须准确把握好自身定位,坚持以工业需求为导向,以烟农增收、财政增税、企业增效为目标,发挥生态地理优势,进一步优化种植布局,集成先进生产管理技术,提升烟叶质量特色,保障烟叶品质安全,走烟叶质量效益型路子,打造"沂蒙丘陵生态区—蜜甜焦香型"特色烟叶品牌,不断提升优质原料保障水平,满足"泰山"品牌高端原料需求,以质量赢得市场,确保临朐烤烟生产发展之路越走越宽敞,打造临朐烟叶质量品牌。图 1-9 为临朐县五井镇大楼烟田。

图 1-9 临朐县五井镇大楼烟田

第二章

临朐优质烟叶生产途径

一、明确优质烟叶生产目标

卷烟工业对原料的基本需求可以概括为:风格特色彰显的上等烟,烟叶等级纯度高,化学成分协调,烟叶安全性高,质量稳定。

1. 风格特征

中间香型,干草香韵突出,蜜甜香韵较明显,微有枯焦气、木质气、青杂气和生青气,烟气浓度、劲头中等,工业可用性较好。感官特征符合表2-1的要求。

表 2-1 优质烟叶感官评吸指标

项目	烟气特征				评吸质量						工业可用性
	香型	香韵	浓度	劲头	香气质	香气量	余味	杂气	刺激性	燃烧性	
档次	中间香型	蜜甜香韵	中等	中等	中等以上	中等以上	中等以上	中等以上	中等以上	中等以上	较好
标度值					>10.9	>15.9	>18.4	>12.6	>8.9	>3.0	

2. 品质指标

(1)外观质量

叶片成熟度好,烟叶颜色以橘黄为宜,叶面颜色均匀,叶片结构疏松,弹性好,叶片柔软,身份适中,色度强至浓,光泽强,油分有至多,等级纯度高。

(2)物理特性

参考卷烟工业企业文献资料,结合物理特性与烟叶感官评吸质量关系,提出"泰山"品牌优质烟叶物理特性指标参考值范围(表 2-2)。

表 2-2 优质烟叶物理特性指标参考值

部位	叶长 /cm	叶宽 /cm	单叶重 /g	叶片厚度 /μm	叶面密度 /(g/m²)	含梗率 /%	柔软度 /mN	填充值 /(cm³/g)
中部	50～65	23～29	8～14	90～120	65～80	≤32	10～60	2.8～3.2
上部	48～62	18～24	10～16	110～150	70～95	≤30	10～60	2.8～3.2

(3)化学成分

根据山东烟叶种植区划与品质区划提出的不同类型优质烤烟通用化学成分指标,结合山东中烟实际需求,将全收全调区分为 3 种类型产区,分别为香味型、香吃味型、吃味型,其中临朐属于香味型,提出"泰山"品牌优质香味型烟叶化学成分指标参考值范围(表 2-3)。

表 2-3 优质香味型烟叶化学成分指标参考值

部位	还原糖 /%	总糖 /%	淀粉 /%	总氮 /%	烟碱 /%	糖碱比	两糖比	氮碱比
中部	19～24	24～29	1～5	1.4～2.0	1.50～2.50	8～15	≥0.75	0.7～1.0
上部	18～23	23～28	1～6	1.6～2.2	2.0～3.0	6～13	≥0.75	0.7～1.0

部位	K /%	Na /%	S /%	氯离子 /%	纤维素 /%	半纤维素 /%	钾氯比	
中部	≥1.6	≤0.04	≤0.40	≤0.50	≤6	≤8	≥4.50	
上部	≥1.5	≤0.04	≤0.40	≤0.50	≤6	≤8	≥4.50	

（4）感官评吸质量

根据烟叶感官评吸质量标准及评吸结果分布,将评吸得分及质量档次得分分为好、较好、中等、较差及差等 5 个档次。优质烟叶要求感官评吸质量档次达到较好以上（表 2-4）。

表 2-4　感官评吸质量划分参考值

质量档次	评吸得分		质量档次得分
	中部叶	上部叶	
好	≥75.00	≥73.50	≥3.45
较好	73.50～75.00	72.00～73.50	3.30～3.45
中等	72.00～73.50	70.50～72.00	3.15～3.30
较差	70.50～72.00	69.00～70.50	3.00～3.15
差	<70.50	<69.00	<3.00

3. 安全性要求

推广应用高效低毒农药,规避土壤重金属背景值高的区域种植,提高烟叶安全性。严格按照国家烟叶农药最大残留限量执行,其中重点监控指标限量标准见表 2-5。

表 2-5　烟叶安全性评价重点指标限量标准　　　mg/kg

序号	类别	中文通用名	英文名称	限量标准
1	有机氯杀虫剂	六六六[a]	benzenehexachloride,BHC	≤0.07
2		滴滴涕[b]	dichloro-diphenylt-richloroethane,DDT	≤0.2
3	有机磷杀虫剂	甲胺磷	methamidophos	≤1.0
4		对硫磷	parathion	≤0.1
5		甲基对硫磷	parathion-methyl	≤0.1
6	氨基甲酸酯杀虫剂	涕灭威	aldicarb	≤0.5
7		克百威	carbofuran	≤0.1
8		灭多威	methomyl	≤1.0

续表 2-5

序号	类别	中文通用名	英文名称	限量标准
9	拟除虫菊酯杀虫剂	氯氟氰菊酯	cyhalothrin	≤0.5
10		氯氰菊酯	cypermethrin	≤1.0
11		氰戊菊酯	fenvalerate	≤1.0
12		溴氰菊酯	deltamethrin	≤1.0
13	烟酰亚胺杀虫剂	吡虫啉	imidacloprid	≤5.0
14	除草剂	双苯酰草胺	diphenamide	≤0.25
15		异丙甲草胺	metolachlor	≤0.1
16		敌草胺	napropamide	≤0.1
17	杀菌剂	甲霜灵	metalaxyl	≤2.0
18		菌核净	dimethachlon	≤5.0
19		二硫代氨基甲酸酯c	dithiocarbamates	≤5.0
20		多菌灵	carbendazim	≤2.0
21		甲基硫菌灵d	Thiophanate-methyl	≤2.0
22		三唑酮	triadimefon	≤5.0
23		三唑醇e	triadimenol	≤5.0
24	抑芽剂	二甲戊灵	pendimethalin	≤5.0
25		仲丁灵	butralin	≤5.0
26		氟节胺	flumetralin	≤5.0

注：a. 六六六的检测结果以总量计。

　　b. 滴滴涕的检测结果以总量计。

　　c. 二硫代氨基甲酸酯的检测结果以 CS_2 计。

　　d. 甲基硫菌灵、多菌灵，以多菌灵计。

　　e. 三唑酮、三唑醇，以三唑酮计。

4. 烟叶产量目标

为了充分彰显临朐烟叶"沂蒙丘陵生态区—蜜甜焦香型"烟叶质量风格特色，田间烟株长相要求呈现"中棵烟"长相，株形微腰鼓形，最大叶长不超过 70 cm，营养均衡，发育良好，生长整齐，叶色正常，成熟期分层落黄明显,病虫害少。

烟叶亩产量范围为 150~175 kg,上等烟比例达到 75% 以上。下二棚烟叶单叶重 7~9 g,腰叶烟叶单叶重 9~11 g,上二棚烟叶单叶重 11~13 g,顶叶单叶重 8~10 g。

5. 烟叶调拨要求

工商交接等级合格率≥80%,烟叶本部位正组率大于 90%。烟叶水分符合国标要求,无压油,无霉变,无虫害。

二、临朐烟叶质量状况

1. 烟叶物理特性

临朐中部烟叶长度平均值为 62.50 cm,其中 80% 的样品处于适宜范围;叶片宽度平均值为 24.59 cm,其中 73.33% 的样品处于适宜范围。单叶重平均值为 13.49 g,其中 73.33% 的样品处于适宜范围。叶片厚度平均值为 110.22 μm,其中 86.67% 的样品处于适宜范围。叶面密度平均值为 74.94 g/m²,其中 53.33% 的样品处于适宜范围。含梗率平均值为 30.33%,其中 66.67% 的样品处于适宜范围。拉力平均值为 1.55 N,有 53.33% 的样品拉力大于 1.5 N(表 2-6)。总体来看,临朐中部烟叶物理特性整体较好,叶片长度、宽度、单叶重、叶片厚度、叶面密度、含梗率、拉力等总体适宜,部分烟叶存在烟叶单叶重和叶面密度稍高的问题。

表 2-6　临朐中部烟叶物理特性

指标	叶长/cm	叶宽/cm	单叶重/g	叶片厚度/μm	叶面密度/(g/m²)	含梗率/%	拉力/N
平均值	62.50	24.59	13.49	110.22	74.94	30.33	1.55
中位数	62.48	24.69	13.27	112.40	76.03	29.14	1.51
标准差	2.59	2.01	1.49	10.08	6.95	3.18	0.39

续表 2-6

指标	叶长/cm	叶宽/cm	单叶重/g	叶片厚度/μm	叶面密度/(g/m²)	含梗率/%	拉力/N
方差	6.73	4.05	2.21	101.65	48.29	10.10	0.15
峰度	1.52	−0.87	−0.53	−1.65	−1.18	−1.23	−0.60
偏度	−0.55	0.12	0.62	−0.06	−0.04	0.37	0.58
最小值	56.23	21.68	11.19	95.70	64.40	26.36	1.04
最大值	66.46	28.41	16.07	125.60	85.97	36.19	2.33
置信度(95%)	1.31	1.02	0.75	5.10	3.52	1.61	0.20
变异系数/%	4.15	8.19	11.02	9.15	9.27	10.48	25.33
适宜范围	50～65	23～29	8～14	90～120	65～80	≤32	≥1.5
适宜比例/%	80.00	73.33	73.33	86.67	53.33	66.67	53.33

临朐上部烟叶叶长平均值为 60.05 cm,其中 88.89% 的样品处于适宜范围;叶宽平均值为 18.92 cm,其中 66.67% 的样品处于适宜范围。单叶重平均值为 14.13 g,全部样品均处于适宜范围。叶片厚度平均值为 139.52 μm,其中 66.67% 的样品处于适宜范围。叶面密度平均值为 84.00 g/m²,其中 77.78% 的样品处于适宜范围。含梗率平均值为 27.66%,其中 88.89% 的样品处于适宜范围(表 2-7)。总体来看,临朐上部烟叶物理特性整体较好,部分烟叶存在烟叶偏窄、叶片偏厚的问题。

表 2-7 临朐上部烟叶物理特性

指标	叶长/cm	叶宽/cm	单叶重/g	叶片厚度/μm	叶面密度/(g/m²)	含梗率/%
平均值	60.05	18.92	14.13	139.52	84.00	27.66
中位数	60.30	19.11	14.38	134.30	87.13	27.62
标准差	1.70	1.28	0.77	24.52	9.39	1.80
方差	2.90	1.64	0.59	601.31	88.26	3.23
峰度	0.11	1.29	−0.13	0.15	−0.19	−1.01

续表 2-7

指标	叶长 /cm	叶宽 /cm	单叶重 /g	叶片厚度 /μm	叶面密度 /(g/m²)	含梗率 /%
偏度	−0.79	0.99	−0.77	0.91	−0.99	0.07
最小值	56.42	17.36	12.38	106.30	65.53	24.61
最大值	62.30	22.26	15.15	193.30	96.68	30.70
置信度(95%)	0.85	0.64	0.38	12.19	4.67	0.89
变异系数/%	2.84	6.77	5.45	17.58	11.18	6.49
适宜比例/%	88.89	66.67	100	66.67	77.78	88.89

2. 烟叶化学成分

临朐中部烟叶还原糖含量平均值为 19.52%,其中 66.67% 的样品处于适宜范围。总糖含量平均值为 25.73%,其中 66.67% 的样品处于适宜范围。淀粉含量平均值为 4.30%,其中 60.00% 的样品处于适宜范围。总氮含量平均值为 1.82%,其中 91.11% 的样品处于适宜范围。烟碱含量平均为 2.08%,全部样品均处于适宜范围。总钾含量平均值为 1.82%,其中 80.00% 的样品处于适宜范围。总钠含量平均值为 0.03%,其中 95.56% 的样品处于适宜范围。总硫含量平均值为 0.31%,其中 71.11% 的样品处于适宜范围。氯离子含量平均值 0.21%,其中 95.56% 的样品处于适宜范围。纤维素含量平均值为 5.10%,其中 86.67% 的样品处于适宜范围。半纤维素含量平均值为 7.01%,其中 66.67% 的样品处于适宜范围。烟叶糖碱比平均值为 9.73,其中 86.67% 的样品处于适宜范围。两糖比平均值为 0.76,其中 53.33% 的样品处于适宜范围。氮碱比平均值为 0.88,其中 88.89% 的样品处于适宜范围。钾氯比平均值为 10.44,其中 93.33% 的样品处于适宜范围(表 2-8)。总体来看,临朐中部烟叶化学成分协调性总体较好,烟叶总氮、烟碱、钾、钠、硫、氯离子、纤维素以及糖碱比、氮碱比、钾氯比整体适宜,还原糖、总糖、淀粉、半纤维素相对较适宜,两糖比偏低。

表 2-8　临朐中部烟叶化学成分统计

指标	还原糖/%	总糖/%	淀粉/%	总氮/%	烟碱/%	糖碱比	两糖比	氮碱比
平均值	19.52	25.73	4.30	1.82	2.08	9.73	0.76	0.88
中位数	19.41	25.17	4.40	1.81	2.09	9.04	0.76	0.87
标准差	2.15	3.04	1.05	0.12	0.22	2.34	0.05	0.09
方差	4.61	9.27	1.11	0.01	0.05	5.48	0.00	0.01
峰度	1.14	−0.29	−1.53	0.22	−0.22	0.42	−0.09	1.12
偏度	−0.25	0.35	−0.20	0.53	−0.43	0.82	0.71	1.01
最小值	14.69	20.97	2.72	1.57	1.57	5.95	0.70	0.72
最大值	23.62	31.90	5.61	2.12	2.47	14.36	0.88	1.10
观测数	15.00	15.00	15.00	45	45	15.00	15.00	45
置信度(95%)	1.09	1.54	0.53	0.04	0.07	1.18	0.03	0.03
变异系数/%	11.00	11.83	24.44	6.47	10.71	24.06	6.85	9.84
适宜比例/%	66.67	66.67	60.00	91.11	100.00	86.67	53.33	88.89

指标	钾/%	钠/%	硫/%	氯离子/%	纤维素/%	半纤维素/%	钾氯比
平均值	1.82	0.03	0.31	0.21	5.10	7.01	10.44
中位数	1.78	0.04	0.26	0.18	5.09	6.33	10.23
标准差	0.25	0.01	0.19	0.12	0.70	2.34	4.44
方差	0.06	0.00	0.04	0.01	0.49	5.46	19.71
峰度	8.72	0.52	−0.35	9.98	−0.54	−0.92	0.21
偏度	2.09	0.26	0.76	2.77	0.43	−0.10	0.61
最小值	1.47	0.02	0.06	0.10	4.24	2.72	2.57
最大值	2.96	0.05	0.75	0.78	6.53	10.37	21.94
观测数	45	45	45	45	15.00	15.00	45
置信度(95%)	0.07	0.00	0.06	0.04	0.35	1.18	1.33
变异系数/%	13.68	20.57	62.15	58.34	13.65	33.34	42.53
适宜比例/%	80.00	95.56	71.11	95.56	86.67	66.67	93.33

临朐上部烟叶还原糖含量平均值为 19.83%,其中 83.33% 的样品处于适宜范围。总糖含量平均值为 23.47%,其中 33.33% 的样品处于适宜范围。淀粉含量平均值为 5.55%,其中 50.00% 的样品处于适宜范围。总氮含量平均值为 2.03%,全部样品均处于适宜范围。烟碱含量平均为 2.60%,其中 72.22% 的样品处于适宜范围。总钾含量平均值为 1.63%,其中 83.33% 的样品处于适宜范围。总钠含量平均值为 0.05%,其中 55.56% 的样品处于适宜范围。总硫含量平均值为 0.27%,其中 83.33% 的样品处于适宜范围。氯离子含量平均值为 0.22%,其中 94.44% 的样品处于适宜范围。纤维素含量平均值为 5.82%,其中 50.00% 的样品处于适宜范围。半纤维素含量平均值为 6.42%,其中 50.00% 的样品处于适宜范围。烟叶衍生指标糖碱比平均值为 7.96,全部样品均处于适宜范围。两糖比平均值为 0.85,全部样品均处于适宜范围。氮碱比平均值为 0.80,其中 66.67% 的样品处于适宜范围。钾氯比平均值为 8.99,其中 94.44% 的样品处于适宜范围(表 2-9)。总体来看,临朐上部烟叶化学成分协调性总体较好,烟叶总氮、糖碱比、两糖比均处于适宜范围,还原糖、烟碱、氮碱比、钾、钠、硫、氯离子、钾氯比整体适宜,淀粉、纤维素、半纤维素相对较适宜,总糖相对偏低,纤维素、半纤维素含量相对偏高,存在一定的提升空间。

3. 烟叶感官评吸质量

临朐中部烟叶劲头得分平均值为 3.07,浓度得分平均值为 3.27;香气质得分平均值为 11.66,香气量得分平均值为 16.10,余味得分平均值为 18.60,杂气得分平均值为 12.93,刺激性得分平均值为 9.39,燃烧性得分平均值为 3.01,灰色得分平均值为 3.49。中部烟叶评吸总得分平均值为 75.17,其中好的档次比例为 45.45%,较好及以上档次的比例为 100%。质量档次得分平均值为 3.40,其中好的档次比例为 36.36%,较好及以上的档次比例为 90.91%(表 2-10)。总体来看,

表 2-9 临朐上部烟叶化学成分统计

指标	还原糖/%	总糖/%	淀粉/%	总氮/%	烟碱/%	糖碱比	两糖比	氮碱比
平均值	19.83	23.47	5.55	2.03	2.60	7.96	0.85	0.80
中位数	19.46	22.67	5.73	2.04	2.62	7.43	0.85	0.79
标准差	2.48	3.11	1.90	0.13	0.42	1.85	0.05	0.12
方差	6.14	9.67	3.60	0.02	0.18	3.44	0.00	0.02
峰度	−1.61	2.32	−0.86	−1.32	−1.01	1.73	−2.29	0.02
偏度	0.22	1.50	−0.55	0.09	0.04	1.36	−0.05	0.75
最小值	16.75	20.78	2.64	1.85	1.89	6.29	0.79	0.62
最大值	23.16	29.17	7.54	2.24	3.28	11.28	0.91	1.04
观测数	6	6	6	18	18	6	6	18
置信度(95%)	2.60	3.26	1.99	0.06	0.21	1.95	0.05	0.06
变异系数/%	0.12	0.13	0.34	0.06	0.16	0.23	0.06	15.44
适宜比例/%	83.33	33.33	50.00	100.00	72.22	100.00	100.00	66.67

指标	钾/%	钠/%	硫/%	氯离子/%	纤维素/%	半纤维素/%	钾氯比	
平均值	1.63	0.05	0.27	0.22	5.82	6.42	8.99	
中位数	1.62	0.02	0.21	0.20	5.78	5.94	8.27	
标准差	0.17	0.04	0.15	0.13	0.58	1.65	3.76	
方差	0.03	0.00	0.02	0.02	0.33	2.72	14.11	
峰度	−0.19	−1.42	1.61	9.89	−2.68	2.69	−0.27	
偏度	0.31	0.70	1.47	2.83	0.14	1.57	0.46	
最小值	1.32	0.01	0.09	0.10	5.24	4.85	2.37	
最大值	1.96	0.10	0.63	0.69	6.52	9.48	16.85	
观测数	18	18	18	18	6	6	18	
置信度(95%)	0.08	0.02	0.07	0.07	0.61	1.73	1.87	
变异系数/%	0.10	0.78	0.54	0.60	0.10	0.26	41.78	
适宜比例/%	83.33	55.56	83.33	94.44	50.00	50.00	94.44

临朐中部烟叶感官评吸质量总体较好,所有样品均达到较好及以上的质量档次,香气质中等,香气量较足,刺激性较小,灰色浅,余味较舒适,杂气稍有,燃烧性较好。

表 2-10 临朐中部烟叶感官质量评价统计

指标	劲头	浓度	香气质 15	香气量 20	余味 25	杂气 18	刺激性 12	燃烧性 5	灰色 5	总得分 100	质量档次
平均值	3.07	3.27	11.66	16.10	18.60	12.93	9.39	3.01	3.49	75.17	3.40
中位数	3.08	3.28	11.56	16.06	18.56	13.00	9.38	3.00	3.50	74.88	3.40
标准差	0.04	0.03	0.25	0.25	0.27	0.20	0.12	0.02	0.03	0.96	0.09
方差	0.00	0.00	0.06	0.06	0.07	0.04	0.01	0.00	0.00	0.91	0.01
峰度	0.02	−0.14	−1.05	−1.95	−0.87	0.97	−0.96	11.00	2.04	−0.66	0.05
偏度	−0.53	−0.46	−0.16	0.17	0.25	−1.06	−0.26	3.32	−1.92	−0.10	−0.61
最小值	2.98	3.21	11.25	15.81	18.19	12.50	9.19	3.00	3.44	73.50	3.23
最大值	3.13	3.31	12.00	16.44	19.06	13.19	9.56	3.06	3.50	76.63	3.51
观测数	11	11	11	11	11	11	11	11	11	11	11
置信度(95%)	0.03	0.02	0.15	0.15	0.16	0.12	0.07	0.01	0.01	0.56	0.05
变异系数/%	1.46	0.95	2.18	1.56	1.47	1.52	1.27	0.63	0.72	1.27	2.50

临朐上部烟叶劲头得分平均值为 3.38,浓度得分平均值为 3.43;香气质得分平均值为 10.56,香气量得分平均值为 15.97,烟叶余味得分平均值为 17.56,杂气得分平均值为 12.15,刺激性得分平均值为 8.66,燃烧性得分平均值为 3.02,灰色得分平均值为 3.30。上部烟叶样品评吸总得分平均值为 71.22,其中较好及以上档次的比例为 33.33%;质量档次得分平均值为 3.25,其中其中较好及以上档次的比例为 33.33%(表 2-11)。总体来看,临朐上部烟叶感官评吸质量中等,部分烟叶达到较好水平。

表 2-11　临朐上部烟叶感官质量评价统计

指标	劲头	浓度	香气质 15	香气量 20	余味 25	杂气 18	刺激性 12	燃烧性 5	灰色 5	总得分 100	质量档次
平均值	3.38	3.43	10.56	15.97	17.56	12.15	8.66	3.02	3.30	71.22	3.25
中位数	3.35	3.44	10.50	15.91	17.50	12.07	8.70	3.00	3.30	70.92	3.23
标准差	0.10	0.05	0.20	0.15	0.28	0.31	0.22	0.03	0.11	1.17	0.12
方差	0.01	0.00	0.04	0.02	0.08	0.09	0.05	0.00	0.01	1.37	0.01
峰度	1.83	−2.02	3.72	5.27	1.77	2.94	0.35	−1.77	−0.89	2.68	1.90
偏度	1.39	−0.48	1.86	2.26	1.18	1.65	−0.92	0.99	−0.06	1.58	1.23
最小值	3.28	3.35	10.41	15.86	17.25	11.90	8.30	3.00	3.15	70.20	3.12
最大值	3.57	3.48	10.94	16.28	18.06	12.72	8.89	3.06	3.44	73.39	3.46
观测数	6	6	6	6	6	6	6	6	6	6	6
置信度(95%)	0.11	0.06	0.21	0.16	0.29	0.32	0.23	0.03	0.12	1.23	0.12
变异系数/%	3.10	1.54	1.90	0.96	1.60	2.52	2.49	0.91	3.37	1.64	3.62

4. 临朐部分优质烟叶数据

临朐部分优质烟叶数据见表 2-12、表 2-13。

表 2-12　临朐部分优质中部烟叶数据(C3F)

烟站	村	品种	香气质 15	香气量 20	余味 25	杂气 18	刺激性 12	燃烧性 5	灰色 5	总得分 100
寺头	塔子峪	云烟 301	12.00	16.35	18.90	13.05	9.50	3.00	3.50	76.30
寺头	上山枣	云烟 87	11.94	16.44	18.75	13.00	9.38	3.00	3.50	76.06
寺头	桥沟村	云烟 87	11.50	15.75	18.92	13.00	9.33	4.00	3.50	76.00
吕匣	赵北村	云烟 87	11.50	16.00	18.50	13.00	9.50	3.50	3.50	75.50
嵩山	北黄谷村	中川 208	11.83	16.00	19.33	13.42	9.58	4.00	3.58	77.75
冶源	石湾崖村	云烟 87	11.94	16.38	18.50	13.19	9.13	3.50	3.50	76.63
辛寨	东双山村	云烟 301	11.58	15.75	18.50	13.08	9.50	3.50	3.50	76.42
白沙	石瓮沟村	云烟 301	11.50	16.00	19.00	13.00	9.50	3.50	3.50	76.00
柳山	陡崖村	中烟 100	11.50	16.50	19.00	13.00	9.00	3.00	3.50	75.50

表 2-13　临朐部分优质上部烟叶数据(B2F)

烟站	村	品种	香气质 15	香气量 20	余味 25	杂气 18	刺激性 12	燃烧性 5	灰色 5	总得分 100
寺头	上山枣村	云烟 97	10.94	16.28	18.06	12.72	8.89	3.06	3.44	73.39
白沙	褚庄村	云烟 301	10.58	16.25	18.00	12.08	8.92	3.92	3.50	73.25
辛寨	东岳庄村	云烟 301	11.00	16.60	18.00	12.20	8.70	3.90	3.50	73.90

三、临朐烟叶质量提升途径

　　临朐烟叶主要优点是叶片宽度、单叶重、叶面密度、柔软度适宜;化学成分总体协调性较好,总糖、淀粉、总氮、烟碱含量适宜,糖碱比、氮碱比适宜;中部叶感官评吸质量整体较好,为各区域最佳,部分样品达到好的水平,香气质较好,香气量足,余味舒适,杂气较轻,刺激性小,灰色浅,具有传统山东烟叶的香吃味特征。临朐烟叶主要问题是部分烟叶存在叶片密度偏大的问题,两糖比整体相对较低,上部叶整体评吸质量不高,与中部叶的质量水平存在明显差距。

　　烟叶评吸质量与物理特性、化学成分的相关关系分析表明,叶片密度对劲头、浓度和质量档次显著负相关。虽然临朐烟叶感官评吸质量较好,但仍存在叶片密度升高的问题,需有一定的重视。叶片密度升高可能与生育期调整、采收成熟度把握等有一定关系。因此,应针对烟叶成熟度采取相应农艺措施,精准调控烟叶发育,改善烟叶化学协调性,使烟叶质量实现进一步提升。

1. 选择适宜的生态条件和种植户

　　优化烟田布局,使烟区向自然条件好、烟叶质量佳的地方转移。西部、南部以山地、丘陵为主,东部以平原、丘陵、缓坡为主,适度成方连片,排灌通畅;土壤类型以棕壤、褐土为主,土壤质地疏松、通透性好,土壤肥力中等,有灌溉条件和设施。培养职业化烟农,选择种烟积极性高、技术强、时间长、水平高、会管理、讲信用的种植主体,重点发

展种植 30～100 亩的种植户。

2. 优化气象要素配置

研究结果表明,对临朐烟叶质量影响最显著的气象因素为温度。临朐烟草大田生育期内平均气温呈现先升高后降低的规律,以 7 月下旬最高,但东部和西部气温条件差异较大。因此,根据临朐气候条件及烟株发育对气象的需求,科学配置气象要素,优化大田生育期,临朐东部建议 5 月上旬至中旬移栽,大田生育期 130 d 左右,临朐西部建议 5 月中旬至下旬移栽,大田生育期 120 d 左右。

3. 对烟田实行精细化管理

临朐烟叶感官质量评价整体较好,但存在个别取样点年度间不稳定的情况;临朐种植规模相对分散,小户多,农户间有差异,需要对烟田进行进一步的精细化管理。

(1)严格管控投入品

根据对农户调研的结果,部分田块感官质量评价年度变动较大,可能与不同有机肥源的使用存在一定关系。建议在生产中对小户农事操作进一步精细化指导,避免负向效应投入品的使用。

(2)提升烟田前期长势

本年度前期长势相对较弱的地块,烟叶样品感官评吸质量提高幅度相对较小,建议从移栽环节入手,提升移栽质量,提升烟田前期长势,并对相邻地块除草剂的使用进行特别关注。

4. 进一步提高烟叶成熟度

叶片密度稍高,还原糖含量相对较低,两糖比相对较低均与烟叶成熟度存在一定关系。因此,应采取适当农艺措施,调控烟叶成熟度。

(1)提高防灾减灾能力

提高育苗质量,前期积极进行蚜虫防治,减少烟田病毒病的发生,相对降低农户抢采抢烤的意愿,提升烟田成熟度。

（2）提升烟田种植密度

建议实行宽行窄株模式，行距保持 125～130 cm，株距调整到 45 cm左右，亩株数调整到1 200株/亩左右。

四、优质烟叶生长发育进程

1. 烟草生育期发育特征规律

烟草从移栽到采收结束所经历的天数称为大田生育期，生育期长短与品种特性和生态条件等因素有关。烟草一生中，外部形态、内部发育及生理代谢特征均会发生阶段性变化，这些阶段称为生育时期。当50%以上植株表现出某一生育时期特征时，标志烟田进入该生育时期。某一烟草品种进入各生育时期所需有效积温（生育期内逐日≥10 ℃平均气温的总和）基本恒定，生长在温度较高条件下生育期会适当缩短，而在较低温度条件下生育期会适当延长。烟草各生育时期发育特征见表2-14。

表 2-14　烟草生育时期发育特征

生育时期	移栽期	团棵期	现蕾期
定义	烟苗移栽日期	烟株宽度与高度之比约为2：1，株型近似球形，称为团棵期	烟株花蕾出现日期
栽后时间	0 d	33 d～36 d	58 d～61 d
有效积温	0 ℃	412 ℃	754 ℃
发育特征	株高：8 cm 茎围：2～2.5 cm 节距：1～1.5 cm 叶长：10 cm 叶数：展开叶 6 片，心内叶 4 片	株高：20 cm 茎围：4～5 cm 节距：2～2.5 cm 叶长：45 cm 叶数：展开叶 24 片，心内叶 10 片 叶原基分化结束，进入生殖生长阶段	株高：125 cm 茎围：9～10 cm 节距：4～5 cm 叶长：65 cm 叶数：真叶 40 片，可见叶 30 片 下部叶定长 花蕾出现

续表 2-14

生育时期	移栽期	团棵期	现蕾期
田间长相			

生育时期	平顶期	初采期	终采期
定义	烟株上部叶充分展开,茎叶夹角约 60°	烟叶初始采烤日期	烟叶最终采烤日期
栽后时间	77～79 d	80～82 d	115～120 d
有效积温	1 085 ℃	1 148 ℃	1 680 ℃
发育特征	株高:120 cm 茎围:9～11 cm 节距:4～5 cm 叶长:70 cm 叶数:有效叶 18～22 片 中上部叶定长	株高:120 cm 茎围:9～11 cm 节距:4～5 cm 叶长:70 cm 叶数:有效叶 18～22 片 下部叶开始采收	株高:120 cm 茎围:9～11 cm 节距:4～5 cm 叶长:70 cm 叶数:上部叶 3～4 片 上部叶采收结束
田间长相			

　　烟草从一个生育时期到下一个生育时期所经历天数称为生育阶段时间,每个阶段的发育特征、生长中心、主攻目标均不相同,因此须采取不同管理措施为中棵烟生长发育提供保障。烟草生长发育阶段特征及管理要点见表 2-15。

表 2-15　烟草生长发育阶段特征及管理要点

生育阶段	伸根期	旺长期	调控期	成熟期
定义	移栽期—团棵期	团棵期—现蕾期	现蕾期—主采期	主采期—终采期
阶段时间	33～36 d	24～26 d	23～25 d	40～41 d
平均温度	≥21.5 ℃	24.5 ℃	26.5 ℃	≥23.0 ℃
发育特征	根系迅速生长,主茎缓慢生长,叶片不断出现,有效叶片发生	根系进一步生长,主茎迅速长高长粗,叶片全部出现,叶面积迅速扩大,下部叶达到定长	合理冠层建成,下部叶逐渐成熟,中部叶达到定长,上部叶继续生长	叶片自下而上逐渐落黄成熟
生长中心	根系	根系、主茎、中下部叶片	中上部叶片	
主攻目标	促根系生长、叶片发生	保旺长,促叶壮秆	控株型、建冠层	促中上部叶充分成熟
主要措施	壮苗适期移栽,提高地温,水肥一体,增加土壤氮库	科学运筹水肥供应,适时追肥,保障灌溉,现蕾揭膜培土	合理打顶留叶,清理底脚叶,注意排水防涝,防止底烘	控水防涝,成熟采收
田间长相				

2. 烟草叶片生长发育规律

　　烟草叶片一生分为分化期、发生期、定长期、成熟采收期,某一品种叶片达到各发育时期所需有效积温基本恒定,不同品种叶片达到各发育时期的时间和有效积温略有差异(表 2-16、表 2-17)。

表 2-16 烟草叶片生长发育时期规律

时期		分化期	发生期	定长期	采收期
发育特征		茎顶端分化出叶原基,称为分化期	叶原基分裂分化,叶极性轴建立,叶长0.1 cm,称为发生期	叶片基本达到最大叶长值,叶长60~70 cm,称为定长期	叶片达到成熟,称为采收期。
下部叶(第3叶)	栽后时间	9~10 d	15~16 d	56~57 d	80~82 d
	有效积温	86 ℃	157 ℃	714 ℃	1 129 ℃
中部叶(第11叶)	栽后时间	19~20 d	25~26 d	69~71 d	96~98 d
	有效积温	205 ℃	275 ℃	910 ℃	1 345 ℃
上部叶(第20叶)	栽后时间	29~30 d	35~37 d	85~87 d	115~120 d
	有效积温	320 ℃	405 ℃	1 205 ℃	1 680 ℃

表 2-17 烟草叶片生长发育阶段规律

时期		生长期	成熟期
定义		发生期至定长期	定长期至采收期
特征		幼叶经细胞分裂、分化、伸长、腔隙扩展,达到最大叶长值	叶片定长后逐渐衰老,光合产物转化为致香物质,最终达到成熟
下部叶(第3叶)	阶段时间	40~41 d	24~26 d
	平均温度	23.5 ℃	26.5 ℃
中部叶(第11叶)	阶段时间	43~45 d	27~29 d
	平均温度	24.5 ℃	25.5 ℃
上部叶(第20叶)	阶段时间	50~51 d	33~35 d
	平均温度	26.0 ℃	23.5 ℃

第三章

土壤健康管理

　　土壤是烟株赖以生存的基础,良好的土壤环境是保障烟叶质量、提升烟叶特色的重要条件。须树立长远植烟理念,推进土壤保育,坚持土壤用养结合,培育提高土壤肥力,着力消减土壤酸化,氯、硫、盐分含量高等土壤障碍问题,实现土壤健康管理,进而推动烟叶生产与烟田利用协调发展。

一、合理种植制度

　　烤烟是一种忌连作作物,常年连作能导致烟田土壤板结,土壤养分失调,抑制土壤生物化学过程。烟田有害物质的逐年积累,病虫害程度的增加,严重影响烟株正常生长发育,造成产量和质量的降低。因此,采用合理的烟田轮作、间作种植制度,是解除连作障碍、改善土壤性状的重要举措。

1. 轮作

　　烟草的轮作周期系指在同一地块上从当年种植烟草到下一次再种植烟草的间隔年限。轮作有四年轮作(一年种植烟草,三年种植替代作物)、三年轮作(一年种植烟草,两年种植替代作物)、两年轮作(两季烟草之间种一季或两季替代作物)等。轮作的主要目的之一是尽可能长时间地消除烟草病原体及其寄主植物,因此,轮作周期越长,防病效果越好。提倡一年一轮作,保证三年一轮作。轮作的前茬作物最好是地瓜、药材、花生、小米,忌前茬为茄科、葫芦科等作物的地块和前茬施用氯化钾和(或)碳铵肥料的地块。

轮作换茬的作用:减轻农作物病虫草害,协调、改善和合理利用茬口,协调不同茬口土壤养分供应,改善土壤理化性状,调节土壤肥力,利用农业资源经济有效地提高作物产量。

要以烟叶质量为唯一标准确立三个必须调整:一是烟叶内在化学成分关键指标不达标的必须调整;二是土壤质地不符合优质烟生产标准的必须调整(包括水源水质不达标、病害发生较重的烟田);三是连作时间超过三年的必须调整。

临朐烟区目前常见的轮作模式有烟草—丹参两年轮作(图3-1)、烟草—白菜种一年两季轮作,亩效益增加25%以上。

图 3-1 烟草—丹参轮作

2. 间作

间作是指在同一田块内,两种或两种以上生育季节相近的作物,分行或分带间隔种植的方式。

目前,间作种植模式主要为"2//2"间作模式,如烤烟和红薯(丹参)间作,烤烟垄距110 cm,红薯(丹参)垄距80 cm。对轮作换茬难度大的老烟区,可因地制宜实行烤烟和红薯或中药间作,使现有土地资源最大限度地得到休整,并配合轮作,"化整为零",变"大调整"为"小调整"(图3-2)。如今年种烟的烟行,来年可以种植红薯,红薯行可以种烟,在本块地内实现轮作换茬,可进一步改善土壤结构,有效减少土传病虫害的发生,优化烤烟生长环境,改善通风透光条件,有利于防病和土壤保育,提高烟叶质量。

图3-2 烟薯间作

二、合理耕作

1. 土壤结构调整

在推广机耕深翻、旋耕碎垡的基础上,示范推广机械深松深翻,调节土壤三相比例,熟化耕作层下方土壤。机耕深翻在秋收结束后趁土壤湿润时进行,一般在烟田封冻前完成。深翻深度以根系密集范围为宜,山区丘陵在25 cm以上,平原在30 cm以上;耕作层较差的地块冬耕深度 25 cm 以上,垡面平整、无漏耕墒沟等现象(图 3-3)。烟田肥力较低时,可适当增加机耕深翻深度,以达到地面平整、无漏耕和土块少的作用,进而疏松土层、培育土壤团粒结构和增强土壤保水保肥能力。及时开展春耙,适时起垄,具备条件的地块起垄高度力争达到 30 cm以上。

图 3-3　冬耕

2. 绿肥、秸秆还田

种植绿肥烟田,于绿肥返青生长一定生物量后(约 4 月上旬)将绿肥深翻还田。种植油菜、小麦烟田待轮作作物收获后,将秸秆粉碎深翻还田。也可利用玉米秸秆还田,将玉米秸秆粉碎后平铺于烟田,经过深翻耙耕后增加土壤有机质含量和矿质营养元素含量。优质腐熟秸秆还田,普通棕壤每公顷 7 500 kg,淋溶褐土每公顷 3 750 kg,潮褐土每公顷 2 250 kg。绿肥、秸秆还田可以促进土壤团粒结构形成、提高土壤通透性、增加土壤微生物数量,有效增加土壤养分和活性有机碳含量,降低 0~20 cm 和 20~40 cm 土壤容重以及土壤穿透阻力、提升土壤田间持水量。秸秆粉碎为 1 cm 与 5 cm 效果较好,而 1 cm 处理能够显著提升土壤蔗糖酶与脲酶活性。

通过深耕深翻加绿肥、秸秆还田技术,解决土壤板结、耕作层较浅等问题。

三、培肥土壤

1. 增施有机肥

临朐烟区以大豆有机肥和成品有机肥施用为主。大豆有机肥在使用前需提前发酵,每 100 kg 大豆粉碎后加入 25～30 kg EM 菌稀释液混合堆垛,塑料薄膜盖严,保温密封,每 5 d 左右翻堆一次。将发酵大豆和其他基肥搅拌均匀,起垄施用,每亩施用 40 kg。商品有机肥以经 ISO 质量检测合格的产品为主,作为基肥一次性施入,每亩施用 40 kg。

腐熟大豆有机肥明显改良了土壤主要化学性质,土壤有机质、氮、磷和钾等指标均有不同程度提升,其中有机质、碱解氮、速效钾含量分别较常规施肥增加了 11.29％、5.12％、16.57％(表 3-1)。增施腐熟大豆有机肥后,烤后烟叶杂色烟率和微带青烟率均有所下降,橘黄烟叶产出比例提高了 1.72％;均价每千克增加了 0.63 元,亩产值提高了 202.72 元(表 3-2)。增施腐熟大豆有机肥后,烟叶总糖和还原糖含量均有所提升,总烟碱含量下降,内在化学成分指标更加协调一致(表 3-3)。

表 3-1　不同施肥方式对土壤化学性质的影响

处理	有机质 /(g/kg)	碱解氮 /(mg/kg)	有效磷 /(mg/kg)	速效钾 /(mg/kg)
常规施肥	13.46	57.17	23.38	237.45
增施腐熟大豆	14.98	60.10	23.66	276.80

表 3-2　不同施肥方式对经济效益的影响

处理	杂色烟率 /%	微带青烟率 /%	橘黄烟率 /%	均价 /(元/kg)	亩产值 /(元/亩)
常规施肥	2.53	3.69	93.78	30.22	4 100.854
增施腐熟大豆	2.25	2.36	95.39	30.85	4 303.575

表 3-3　不同施肥方式化学成分指标调查表　　　%

处理	总糖	还原糖	总植物碱	总氮	钾	氯
常规施肥	23.68	18.98	2.34	1.99	1.68	0.34
增施腐熟大豆	24.39	20.01	2.21	2.04	1.7	0.38

2. 推广绿肥还田

种植翻压绿肥是改善烟田土壤理化性质,维持和提高土壤肥力的重要措施。绿肥还田一般就地种植就地翻压,既节约了劳动成本,又休养了地力。绿肥作为一种烟草有机肥资源,不同的种类,其养分含量和 C/N 等因素也各异。绿肥翻压后的分解矿化受土壤温度、水分条件、pH、土壤质地、施肥条件及土壤微生物等因素影响,同时,各烟区生态条件也是影响绿肥分解矿化的重要因素。绿肥翻压后效果直接影响烟株的生长发育及烤后烟叶品质。

山东烟区主要绿肥类型有冬牧 70、黑麦草、大麦、紫云英、毛叶苕子、二月兰、大青叶等。9 月中旬烟田采收结束后开始播种,翻压时间一般在烟苗移栽前 30 d 左右。如果翻压时间较早,绿肥生长时期较短,仍十分稚嫩,会导致有机养分积累不足;如果翻压时间过晚,绿肥已开始老化,茎部和叶片中储存的养分较少,在土壤中不容易被分解,无法释放出足够的养分。绿肥翻压后,土壤有机质、碱解氮、有效磷、速效钾等含量见表 3-4,微生物数量见表 3-5。

表 3-4　翻压不同绿肥后土壤的养分含量

绿肥品种	pH	有机质 /(g/kg)	碱解氮 /(mg/kg)	有效磷 /(mg/kg)	速效钾 /(mg/kg)
冬牧70	6.3	25.8	163.0	39.9	231.2
黑麦草	6.5	25.9	169.0	35.5	139.0
大麦	6.2	27.1	155.2	44.3	303.2
紫云英	6.2	26.8	174.0	78.6	361.1
毛叶苕子	6.2	25.7	127.1	44.8	326.5

表3-5　翻压不同绿肥后土壤的微生物数量

绿肥品种	细菌/(10^5/g)	真菌/(10^3/g)	放线菌/(10^4/g)	硝化细菌/(10^4/g)	反硝化细菌/(10^4/g)
冬牧70	154.0	25.9	249.6	85.6	171.5
黑麦草	76.5	26.1	274.2	113.1	107.9
大麦	163.9	20.9	277.2	8.6	329.7
紫云英	56.8	33.3	280.5	150.8	107.2
毛叶苕子	99.7	33.9	327.4	45.2	282.3

3. 推广微生物菌肥

因地制宜推广土壤改良剂、调节剂以及微生物菌肥以改良植烟土壤,调节剂主要有土著菌田间扩繁剂、ETS微生物有机肥和木质泥炭土壤等。微生物菌肥能够有效改善土壤物理特性,提高根际土壤微生物种类及有益微生物丰度,调节土壤酸碱平衡和中和酸化土壤;也能有效提高单位面积内土壤真菌和细菌菌落数量,较传统化学肥料,真菌菌落数提高78.03%,细菌菌落数提高83.08%,有效增加土壤生物活性和有机质含量、提高了土壤有效养分含量,能够满足烟株各个时期生长发育的需求,同时具有抑制土传病害的作用;还能够改善土壤理化性质,土壤速效钾、pH、铵态氮、硝态氮和有效磷含量均明显增加,进而可为烟株各个时期的生长发育提供充足养分。

四、土壤障碍矫正

临朐部分烟区土壤存在酸化(pH小于5.5)、氯离子高等问题,应针对性地提出矫正方案。

1. 土壤酸化治理

(1)施用石灰和白云石粉

在pH小于5.5的植烟土壤上施石灰,石灰可快速提高土壤pH

和进行土壤消毒。土壤 pH 可升高 0.7 左右,交换性总酸可下降约 30%。石灰施用量根据植烟土壤酸碱度确定,施用量为 60～150 kg/亩,一般不超过 200 kg/亩。具体为:土壤 pH<4.0,用量为 150 kg/亩;pH 为 4.0～5.0,用量为 133 kg/亩;pH 为 5.0～6.0,用量为 60 kg/亩;pH>6.0,无须施用。考虑石灰土壤施用的后效效应,撒施间隔为 3～5 年。白云石粉用量为 100 kg/亩,撒施,耕地前施 50%,耕地后整畦前再撒施 50%。

（2）施用硅钙钾镁肥

硅钙钾镁肥是磷石膏、钾长石等在高温下煅烧而形成的碱性土壤调理剂,不仅能调酸改土,还能补充多种大、中微量元素,可有效克服石灰等施用易造成土壤板结的不足,在多种作物上应用效果较好。对土壤 pH<5.5 的烟田可推广施用硅钙钾镁肥。起垄之前均匀撒施,用量为 100～150 kg/亩;起垄时作为基肥与其他肥料均匀混合使用,用量为 50～70 kg/亩。硅钙钾镁肥可有效提高植烟土壤 pH,适量补足钙、镁中量元素,显著提高烟株大田期综合抗性。同时,硅钙钾镁肥也可提高土壤有效磷和有效钾含量（表 3-6）。

表 3-6　施用硅钙钾镁肥对土壤理化性质的影响

亩施用硅钙钾镁肥量	碱解氮 /(mg/kg)	有效磷 /(mg/kg)	速效钾 /(mg/kg)	有机质 /%	pH
0 kg	54.66	28.00	168.65	0.33	5.04
100 kg	52.34	30.72	188.62	0.47	5.14

2. 降氯降盐技术

（1）地块调整或改良

历年烟叶感官质量评价与土壤元素分析发现,大部分评吸质量较低烟叶存在氯离子和盐分含量较高的问题。因此,建议在烟叶氯离子、盐分含量较高区域,排查土壤氯离子、盐分含量。对土壤氯、盐分含量过高地块建议轮转,实行轮作换茬,或利用冬闲季种植油菜、二月兰等绿肥作物,实行深翻,改良土壤。

(2)水利改良措施

通过灌溉淋洗来调控区域水盐运动,改良土壤盐渍化。山东烟区水分条件较好地区,漫灌在起垄前1~2个月,每亩灌水100 m³,围水浸泡,1周后放水排盐,干后施肥起垄。滴灌可在过了烟草旺长期以后,每周1次,1次每亩灌水15 m³。

(3)适时揭膜

为了防止土壤毛细管作用将下层盐分吸到表层,需要适时揭膜或采用降解膜。一般在移栽后30~35 d或者烟苗进入团棵期(10~12片叶)时进行。生长缓慢的烟苗,可略微推迟揭膜,但不宜超过移栽后40 d。揭膜后可立即进行培土,以防垄体失水过多。

3. 重金属控制策略

(1)土壤重金属源头控制

①外源控制。外源控制主要是制定烟田外源重金属控制规范,主要控制肥料、灌溉水和农药中重金属进入土壤中,保护烟区土壤,使其重金属水平不再增加。烟区进行肥料调整、灌溉水源调整或烟区调整(新增烟区)时,应调查监测烟区相应的土壤、肥料、灌溉水和烟叶重金属含量,确保控制重金属污染风险。

②烟区规划。对照烟区规划与全省采矿、工业分布,确保烟区与易造成重金属污染的采矿地点、工业厂区保持一定距离,关注矿石堆积、运输及工业废水、废气和固体废弃物等的影响范围,并定期对烟区分布作出调整。

(2)烟叶重金属控制策略

烟叶阻控和烟叶消减措施相结合。除控制外源重金属进入外,可对重金属土壤施用拮抗剂或烟叶叶片喷施 Zn、P 或生理抑制剂阻抗处理,降低烟草对重金属的积累。另外,还可对土壤重金属进行钝化、吸附等复合技术处理,减少重金属有效性,降低重金属从土壤向烟草的迁移。酸性土壤可以施入碱性矿物(如石灰、白云石粉等),中性土壤可施入赤泥、油菜秸秆等钝化剂(表 3-7)。

表 3-7 烟区重金属控制策略与土壤性质

土壤重金属含量	土壤 pH	控制策略
低		源头控制
中	＞6.5	元素拮抗
中	＜6.5	土壤钝化消减
高	＞6.5	土壤钝化消减
高	＜6.5	复合消减

第四章

种植优良品种

坚持择优选种的原则，紧密结合山东中烟对原料的外观质量和内在质量需求，引导烟农主动调整品种布局，不断优化品种结构。在完善现有优质品种良种、良法配套技术规范的基础上，加大品种引进和试验示范推广力度，搞好后备品种资源筛选。临朐西部烟区主栽品种为云烟 87、云烟 301，搭配种植中川 208；东部烟区主栽品种为云烟 301、中川 208，搭配种植中烟 100、中烟 101。

一、云烟 87

云烟 87 由云南省烟草科学研究所、中国烟草育种研究（南方）中心选育。品种选育以优质为首要目标，在保证优质的基础上以抗病性为主，兼顾其他育种要求，选用高抗根结线虫病，中抗黑胫病、赤星病、白粉病，丰产性能好，易烘烤，适应性强，但原烟香气量不足的国内自育品种云烟 2 号作母本，产量高，耐肥，高抗黑胫病，中抗根结线虫病，易感赤星病，香气量足的美国引进品种 K326 为父本杂交，经系谱选育而成的烤烟纯系品种。2000 年 12 月通过国家品种审定委员会审定。

1. 云烟 87 主要特征特性

(1)生物学性状

移栽至中心花开放期 62~64 d,大田生育期 120 d 左右;打顶后株高 110~118 cm,可采叶数 18~20 片,腰叶长 73~82 cm、宽 28~34 cm,节距 5.5~6.5 cm,茎围 8.0~10.0 cm。

株式塔形,打顶后近似筒形,叶形长椭圆形,叶尖渐尖,叶色绿色,叶面较平,叶缘向下卷曲、波浪状,叶耳大,叶肉组织细致,茎叶角度中等,花序集中,花冠淡红色。移栽至现蕾前期生长缓慢,现蕾至开花生长迅速,田间长势强,整齐度高(图 4-1、图 4-2)。

图 4-1 云烟 87 单株

图 4-2　云烟 87 叶片

抗-高抗黑胫病,中抗南方根结线虫病,中抗爪哇根结线虫病,感赤星病,感烟草普通花叶病毒病(tobacco mosaic virus, TMV),1997—1998 年人工诱发青枯病鉴定结果为中抗青枯病。

(2)经济性状

1997 年云南、贵州 7 个点平均:云烟 87 产量 2 589.0 kg/hm²,比 K326 每公顷增 40.5 kg;均价 4.8 元/kg,比 K326 增 0.4 元/kg;产值 12 208.5 元/hm²,比 K326 每公顷增加 1 125.0 元;上等烟比例 47.9%,比 K326 提高 6 个百分点。

1998 年南方 10 省市 15 个点结果:云烟 87 产量与 K326 相同;均价 4.16 元/kg,比 K326 增 0.61 元/kg;产值 9 255 元/hm²,比 K326 每公顷增加 1 305.75 元;上等烟比例 35.75%,比 K326 提高 8.46 个百分点。

由以上结果可以看出,云烟 87 各项经济性状均优于 K326,表现最为突出的在于其提高上等烟比例、增加均价上,从而比 K326 产值高。区试结果表明,云烟 87 在南方烟区具有较好的适应性和提质作用。

（3）品质性状

云烟 87 烤后原烟多金黄色,色度浓,油分多,结构疏松,叶片厚度适中,总体表现相当于参试烟区主栽对照品种 K326。从多年对其化学成分分析结果看,云烟 87 总糖、还原糖含量比 K326 略高,烟碱含量比 K326 低,相对较适中,化学成分比例协调,各项指标均在适宜范围内。连续多年对云烟 87 原烟进行单体评吸显示,云烟 87 属清香型,香气中至中偏上,香气量足,浓度中,劲头中,刺激性有,余味尚舒适,燃烧性强,灰色白,质量档次中偏上至较好,优于对照 K326。

2. 云烟 87 栽培调制技术要点

云烟 87 在临朐西部种植适宜的移栽期为 5 月上旬至 5 月下旬,由于播种至成苗比 K326 提前 5～8 d,因此应注意适时播种,适时移栽。云烟 87 适于在中上等肥力地块种植,其耐肥性比 K326 稍低,一般亩施纯氮 7～8 kg,并注意氮、磷、钾的合理配比,一般以 1∶1.5∶(2.5～3)为宜。由于云烟 87 大田前期生长缓慢,因此基肥一般占 1/3,追肥占 2/3,分两次追肥较为适宜。云烟 87 下部叶片节距稀,有利于田间通风透光,叶片分层落黄,采收时应严格掌握成熟度,成熟采收,不采生叶。栽植密度因地而宜,一般田烟亩栽 1 100 株,地烟 1 200 株,留叶数 18～20 片。云烟 87 叶片厚薄适中,田间落黄均匀,易烘烤,其变黄定色和失水干燥较为协调一致,烘烤变黄期温度 36～38 ℃,定色期温度 52～54 ℃,将叶肉基本烤干,干筋期在 68 ℃以下,烤干全炉烟叶,以保证香气充足。

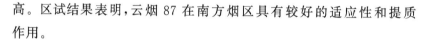

二、云烟 301

抗烟草马铃薯 Y 病毒病(tabacco potato virus Y, PVY)云烟新品

种"云烟301"是云南省烟草农业科学研究院、国家烟草基因工程中心在克隆烟草隐性抗 PVY 基因 *EIF4E1*（又称为感 PVY 基因 *EIF4E1*）、开发功能性分子标记、分析国内外抗 PVY 品种和种质资源基因型过程中，以云烟 87 为母本、Y85×RY2/F2 为父本（携带 *EIF4E1*）杂交，以定向改良云烟 87 的 PVY 抗性为主要目标，通过连续回交、分子标记辅助选择、全基因组基因芯片背景检测等技术培育而成（非转基因）。云烟 301 的遗传背景恢复为云烟 87 的比率为 99.43%，PVY 抗性显著提高，保留了云烟 87 的栽培烘烤特性、原烟风格特征和感官质量。云烟 87 在打顶后 PVY 发病率达到 1% 的种植区，种植云烟 301 可减轻病害，具有良好的推广价值。

1. 云烟 301 主要特征特性

（1）生物学性状

云烟 301 株式塔形，叶片长椭圆形，叶色绿，茎叶角度中，田间长势强、烟株整齐度较好，大田生育期平均为 125.7 d，与云烟 87 和 K326 相当。田间生长整齐一致，生长势强，分层落黄特征明显，较易烘烤。平均打顶株高 122.45 cm，稍高于对照品种云烟 87；平均有效叶片数 20.41；平均茎围 10.79 cm；平均腰叶长 78.64 cm，宽 30.92 cm；有效叶片数、茎围、腰叶长宽与对照云烟 87 相当（图 4-3）。

（2）主要经济性状

在 PVY 发病率低于 1% 的情况下，云南昭通云烟 301 的亩产量 185.14 kg，亩产值4 899.58 元，上等烟比例 50.1%，与对照品种云烟 87 相当，显著优于对照品种 K326。在昭通昭阳区 PVY 高发病区，2016—2017 年品系比较结果表明，云烟 301 表现为高抗，PVY 的发病率为 0，而对照品种云烟 87 打顶后 PVY 发病率为 22.0%。云烟 301 主要经济性状明显优于对照云烟 87，平均亩产量、亩产值和上等烟比例均高于云烟 87，表明云烟 301 替代云烟 87 可有效挽回 PVY 病害造成的产量和质量损失。

图 4-3　云烟 301 田间

（3）抗病性

云烟 301 抗 PVY,中抗黑胫病、根结线虫病和青枯病,中感赤星病和 TMV。对照品种云烟 87 中感 PVY,中抗黑胫病、根结线虫病和青枯病,中感赤星病和 TMV。云烟 301 的 PVY 抗性显著高于对照品种云烟 87,对其他病害的抗性与对照品种云烟 87 相当。

（4）品质性状

云烟 301 初烤烟叶颜色橘黄,成熟度好,叶片结构疏松,身份中等,油分有,色度中,整体外观质量与对照品种云烟 87 相当(图 4-4)。

云烟 301 中部烟叶厚度平均 0.139 mm;叶面密度平均 70.58 g/m²;单叶重量在 11.43～17.44 g,平均 13.69 g;平衡含水率平均 12.80%;含梗率平均 31.94%。与对照相比,云烟 301 品种烟叶的含梗率略高,其余指标不存在稳定差异。

云烟 301 中部烟叶总植物碱含量在 1.73% ～ 3.44%,平均

图 4-4　云烟 301 叶片

2.59%;总氮含量 1.72%～2.59%,平均 2.13%;还原糖含量 16.06%～26.68%,平均 20.98%;钾含量 1.65%～1.89%,平均 1.79%;淀粉含量 3.29%～4.58%,平均 3.73%。各化学成分含量均在适宜范围内,内在化学成分协调性较好,与对照品种云烟 87 相当。

云烟 301 与对照品种云烟 87 总体风格特征一致,各项质量指标无明显差异,感官质量评价总体一致,风格特色彰显程度一致。

2. 云烟 301 栽培调制技术要点

云烟 301 在不同生态区试点的稳定性、适应性和丰产性表现良好。该品种需氮肥中等,与云烟 87 相当。在临朐西部种植适宜的移栽期为 5 月上旬至下旬,在东部适宜的移栽时间为 5 月上旬至中旬。N、P_2O_5、K_2O 配比 1∶1∶3。移栽后及时浇施提苗肥,移栽后 30 d 内施完追肥。中心花开放打顶,有效留叶数 20 片,打顶时摘除 2 片无效底脚叶,以改善田间通风透光条件,提高下部烟叶成熟度。可以参照

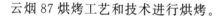

云烟 87 烘烤工艺和技术进行烘烤。

三、中川 208

中川 208 是根据卷烟工业和烟叶生产对烟叶质量性状和经济性状的需求，以优质、适应性强、抗 TMV 为主要育种目标，在保证烟叶质量的前提下，兼顾抗病性、经济性状等重要指标，以优质稳产、适应性较强的烤烟品种中烟 103 的雄性不育同型系 MS 中烟 103 为母本，优质、抗病的烤烟品系 T136 为父本，选育而成的烤烟雄性不育杂交品种。

1. 中川 208 主要特征特性

（1）生物学性状

移栽至中心花开放 65 d 左右，大田生长期平均 125 d 左右。根据多年平均结果，中川 208 平均打顶株高 125.0 cm 左右，可采叶数 20.0 片左右，腰叶长 73.0 cm 左右、宽 34.0 cm 左右，节距 6.5 cm 左右，茎围 10.0 cm 左右。与 K326 相比，中川 208 株高较高，茎围略粗，腰叶略短、略宽。

株式塔形，田间生长势强，主要植物学性状表现整齐一致。着生叶数 24 片左右，叶形长椭圆形，叶面稍皱，叶色绿，叶尖渐尖，主脉中等，茎叶角度中等，节距中等，花枝较集中，花冠粉红色，蒴果卵圆形（图 4-5、图 4-6）。

对 TMV 免疫，中感至中抗黑胫病、根结线虫病，感至中抗 CMV 和 PVY，感至中感青枯病、赤星病。

（2）经济性状

2019—2021 年，山东省烤烟品种试验结果显示，烟叶产量平均 2 400.30 kg/hm²，均价 28.81 元/kg，上等烟比例 56.0%。

图 4-5　中川 208 单株

图 4-6　中川 208 叶片

（3）品质性状

综合郑州烟草研究院对全国区试样品质量评价结果及农业农村部烟草质量检验监督测试中心对原烟样品质量评价结果,中川208原烟外观质量优于K326及云烟87;烟叶钾含量较高,各化学成分含量均在适宜范围内,内在化学成分协调性较好;感官质量优于云烟87,相当于K326。

2. 中川208栽培调制技术要点

该品种田间生长势较强,适于在中等肥力及以下地块种植。尤其适于丘陵沙壤土,要避开高肥力地块。对氮肥较敏感,过大不易烘烤,过小影响烟株的开片。因此,适量施氮是种植要点,并注意适量增施钾肥。成熟期叶片自下而上分层落黄明显,较耐成熟。该品种叶片含水量略大,烘烤时变黄速度略慢,需根据实际情况适当延长变黄时间,注意排湿。注意对青枯病和PVY的预防。

四、中烟100

中烟100由中国农业科学院烟草研究所选育。品种选育以优质、多抗、丰产为主要育种目标,选用兼抗赤星病、黑胫病等多种烟草主要病害、耐低温的自育新品系9201为母本,以易感赤星病、对低温反应敏感的优质烤烟品种NC82为回交亲本,经杂交、回交聚合目标性状后,采用系谱法选育而成烤烟纯系品种。2002年通过全国烟草品种审定委员会审定。

1. 中烟100主要特征特性

（1）生物学性状

移栽至中心花开放期59～63 d,大田生育期120 d左右;打顶后株高平均116.0 cm,可采叶数19～22片,腰叶长平均61.0 cm、宽平均30.0 cm,节距平均4.9 cm,茎围平均9.5 cm。

株式筒形,叶形椭圆形,叶序 3/8,叶色浅绿,叶面稍皱,叶尖钝尖,叶缘较平,无叶柄,主脉粗细和茎叶角度中等,花序集中,花冠粉红色,蒴果卵圆形(图 4-7、图 4-8)。

图 4-7　中烟 100 单株

抗黑胫病、赤星病,耐气候斑点病,感青枯病,中感 TMV,中抗 CMV。

(2)经济性状

2019—2021 年,山东烟区品种试验结果显示,烟叶产量平均2 527.65 kg/hm²,均价 27.69 元/kg,上等烟比例 59.8%。

图 4-8　中烟 100 叶片

（3）品质性状

烤后原烟浅橘黄色,颜色均匀,光泽强,结构疏松,油分有至多,身份中等,上中等烟比例高。主要化学成分含量适宜、比例协调,香气质较好,香气量尚足。

2. 中烟 100 栽培调制技术要点

该品种对施肥量适应范围较广,喜肥水,适合中等肥力以上的烟田种植,中上等肥力地块一般施纯氮 $75\sim90$ kg/hm²,氮、磷、钾肥配比 1:1:(2~3),栽植密度16 500~19 500株/hm²。视田间长相和营养状况于现蕾或中心花开放时打顶,留叶数 19~22 片。成熟时叶片由下至上分层落黄明显,落黄快且整齐,耐熟性中等,下部叶适熟、中部叶成熟、上部叶充分成熟后采收。易烘烤,耐烤性较好,烘烤特性好。种植避开根茎病害高发地块和白粉虱易发区域,避免在黏重黑土地块种植;对病毒病的自我修复能力较强,但感普通花叶病,易感马铃薯 Y 病毒病,要注意病毒病的综合防治。

五、中烟 101

烤烟品种中烟 101 是以优质特色烤烟品种红花大金元为母本,优质抗病品种 Speight G-80 为父本,经杂交重组和系谱法定向选育而成的烤烟纯系品种。选育目标是在优质特色品种的遗传背景下,通过定向改良提高育成品种对主要病害的抗耐性和适应性。2002 年提交并通过全国烟草品种审定委员会审定。

1. 中烟 101 主要特征特性

(1)生物学性状

移栽至中心花开放期 60 d 左右,大田生育期 120 d 左右;打顶后株高平均 117.0 cm,可采叶数 19 片左右,腰叶长平均 61.5 cm,宽平均 28.7 cm,节距平均 5.0 cm,茎围平均 9.0 cm。

株式筒形,叶形长椭圆形,叶色深绿,叶面略皱,叶尖渐尖,叶缘波浪,无叶柄,主脉粗细和茎叶角度中等,花序较松散,花冠粉红色,蒴果卵圆形(图 4-9、图 4-10)。

与对照品种 NC89 或 K326 比较,田间生长势较强,节距较大,株高较高,有效叶数、叶色与 NC89 相当,较 K326 叶色绿、有效叶数少 1～2 片。

抗黑胫病、赤星病,感青枯病,中抗 TMV、CMV 和 PVY。

(2)经济性状

2019—2021 年,山东省烤烟品种试验结果,烟叶产量平均 2 272.50 kg/hm²,均价 26.50 元/kg,上等烟比例 62.9%。

(3)品质性状

烤后原烟浅橘黄色,较 NC89 略浅,颜色均匀,光泽强,结构疏松,油分稍多,身份中等。原烟主要化学成分含量适宜、比例协调。原烟香气质较好,香气量较足,余味较舒适,主要吸食指标不低于 NC89 和 K326。

图 4-9　中烟 101 单株

图 4-10　中烟 101 叶片

2. 中烟 101 栽培调制技术要点

该品种需肥性中等,与 NC89 相当,适于在中等肥力及中等肥力以下地块种植,不宜在肥力过高的地块种植。该品种不耐肥,施氮量与 NC55 相当,北方烟区中等肥力地块,一般每公顷施纯氮 67.5～82.5 kg,氮、磷、钾肥配比 1：(1～2)：3 为宜,重施基肥、及早追肥。栽植密度16 500～19 800株/hm²。视田间长相和营养状况适时打顶,一般第一中心花开放期打顶,长势过旺时适当延迟打顶时间。下部叶适熟、中部以上叶成熟采收。该品种成熟落黄慢、耐成熟,下部叶要注意适当早采,中上部要提高田间成熟度采收。田间成熟度不够,易导致烘烤难度加大。烘烤时,按“三段式”烘烤工艺较易烘烤,但应保证烟叶变黄与脱水干燥程度协调,一般要求烟叶变至 5～6 成黄时达到叶片发软,变至 8～9 成黄时达到主脉变软,45～48 ℃时达到黄片黄筋小卷筒,54～55 ℃时烟叶大卷筒,干筋温度最高不超过 68 ℃。耐病毒病是该品种的优势,可安排种植在易感病毒病地块,后期要注意预防赤星病。

第五章

培育无病壮苗

一、漂浮育苗

烤烟漂浮育苗技术是指将烟草种子通过直播的方式播种在育苗盘上的基质中,并将育苗盘放置在营养液中使其漂浮,在人工创造的条件下,提供烟苗生长所需的光、温、水、氧气、营养物质等,使烟苗正常生长发育。漂浮育苗能够为烟苗提供更适宜的生长环境,促进烟苗更好地生长发育,苗期短、质量高,可降低病虫害发生概率,提高整齐度和壮苗率,同时可减少育苗用地,提高土地利用率,增加整体经济收益。

1. 漂浮育苗壮苗标准

(1)常规移栽 苗龄 60~65 d,真叶 8~10 片,茎高 8~10 cm,茎围 2.2~2.5 cm;烟苗清秀无病,叶色绿,叶片稍厚,根系发达,茎秆柔韧性好,烟苗群体均匀整齐。

(2)井窖式移栽 苗龄 55~60 d,真叶 6~7 片,茎高 6~8 cm,茎围 2.0 cm 左右;烟苗清秀无病,叶色绿,叶片稍厚,根系发达,烟苗群体均匀整齐。

2. 苗床准备

根据漂浮育苗盘的规格设计育苗池的尺寸,育苗池的深度是 16～18 cm,长度、宽度是育苗盘长宽最小整数倍多 2 cm。育苗池底部平实,底面水平高度差不超过 1 cm,用 0.07 mm 的薄膜垫底。

3. 适期播种

(1)播种时间

播种时间根据移栽时间倒推 55～60 d 确定,东部漂浮育苗播种时间为 3 月 1—10 日,西部为 3 月 5—15 日。

(2)装盘播种

育苗盘规格要求:孔径(边长)25～40 mm。

装盘前先将基质加水搅拌均匀,达到手握成团,触之即散的效果。装盘时把基质放在盘面上,用木板将基质均匀地推入苗穴,刮平后抬离地面 30 cm,蹾 2 次后备播。播种时要先进行试播,调整压穴器深度为 3～5 mm,使包衣种子播在穴内正中;每穴播 1 粒包衣种子,并由专人进行补种,保证有种率 100％。播种后的苗盘边装盘、边播种、边放入育苗池。图 5-1 为常用的一种播种机。

4. 苗期管理

(1)水肥管理

苗池水深度保持在 8～10 cm,成苗后可保持在 5 cm 左右,移栽前断水炼苗。在使用非自来水的情况下,每千克水可用 10～15 mg 漂白粉粉剂直接撒于营养池中消毒。

施肥应该掌握"前高后低,温度低时高,温度高时低"的原则,并根据苗床中水的容量计算施入肥料的量。第一次施肥应在出苗后施入 0.150‰氮素浓度的肥料;播种后第 6 周进行第二次施肥,氮素浓度为 0.100‰;移栽前 2 周,根据烟苗长势酌情施肥,氮素浓度为

图 5-1 播种机

0.05‰。每次施肥时检查苗床水位,若水位下降要注入清水至起始水位。

(2)温湿度管理

出苗到十字期,以保温为主。晴天中午 12～14 时,若棚内温度高于 30 ℃,应及时通风,下午及时盖膜。从大十字期到成苗,随着气温升高,要特别注意通风,避免棚内温度过高产生热害。成苗期应将棚膜两边卷起至顶部,加大通风量,提高烟苗抗逆性。

播种后当发现棚内雾气较大或较长时间低温阴雨时,即使棚内温度已低于 18 ℃,也必须适当通风排湿;连续阴雨天每隔 2～3 d 于中午通风 1～2 h,以降低棚内湿度。

(3)剪叶

在出苗后 35 d 左右,烟苗长有 5～6 片真叶,有明显封盘时进行第一次剪叶,剪叶刀口离生长点 3~4 cm,剪去叶片 1/3;以后每 5~7 d 修剪 1 次,每次剪去大苗大叶的 1/3~1/2。图 5-2 为剪叶锻苗。

图 5-2　剪叶锻苗

（4）锻苗

烟苗 5 片真叶后应逐步进行锻苗,打开棚膜(保留防虫网),加强光照和通风,使烟苗完全接触外界环境;若育苗后期气温较高,可昼夜通风。移栽前 7~10 d 排掉营养液,断水断肥。当烟苗萎蔫早晨不能恢复时喷水,使叶片挺直。如此反复,干湿交替使烟苗逐渐适应缺水环境,利于烟苗生长健壮(图 5-3),也利于移栽成活。

5. 苗期病虫害防病

防治病虫害要坚持预防为主的原则,注意消除病原,控制发病条件;避蚜防病,全程覆盖 40 目以上防虫网;间苗、定苗、剪叶操作时叶面喷施波尔多液;移栽前 1 天喷施防蚜虫、防根茎病害药物,带药下田移栽。

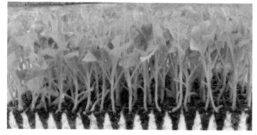

图 5-3　壮苗

二、湿润育苗

湿润育苗原理及流程:在大棚或温室内,将烟草包衣种子直播于装有基质的塑料穴盘中,穴盘处于水深 1.5 cm 左右的明水上,在烟苗封盘前,种子萌发及幼苗所需养分和水分由池底的营养液通过基质的毛细管作用供给;烟苗封盘后,水分和养分由人工喷施盘面供给,并且保持干湿交替,促进烟苗茎秆粗壮与根系充分生长,达到壮苗标准(图5-4)。

1. 装盘播种

在洁净的塑料垫料或专用基质混拌板上装填基质。基质的装填

图 5-4　湿润育苗

要求充分、均匀,松紧程度适中;装填后,用刮板刮去多余基质,使盘面平整。

每个育苗孔穴内播 1～2 粒包衣种子。播种完后,在盘上方反复用喷雾器均匀喷洒清水(雾状),使种子包衣充分吸水裂解,然后将塑料穴盘放在注入了稀释营养液的育苗池内。

2. 间苗、补苗

播种 2 d 后,检查育苗盘,发现穴孔堵塞或育苗池有漏水现象时,应及时进行处理。当烟苗具有 2～3 片真叶时进行间苗定苗,保证间苗后烟苗大小一致,生长整齐。

3. 肥水管理

在间苗还苗后、4～6 片真叶、移栽前 15 d 需分别同时补充营养液母液 1 号肥,2 号肥各 70 mL、110 mL。在烟苗 2～3 片真叶(间苗还苗后)时,将营养液兑水 75 kg 注入池内,其余各次将营养液兑水 21 kg,通过盘面喷施补充养分和水分,再用清水喷 1 次叶面。移栽前 1～3 d 可视具体情况,决定是否给烟苗喷施送嫁肥。

出苗前,严格控制育苗池中的营养液最高深度在 1.5～2.0 cm,使基质充分吸收营养液,保持正常的水分、养分供给,确保及时出苗,基质表面干爽时,再补水。

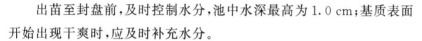

出苗至封盘前,及时控制水分,池中水深最高为 1.0 cm;基质表面开始出现干爽时,应及时补充水分。

封盘后,叶片基本遮住穴盘孔洞时,改为用洒水壶喷洒营养液和水分,喷施水分相应减少,目的是促进烟苗根系生长,形成发达根系。

进入成苗期,减少浇水次数和浇水量,以间断供水为主,池底不能有水层,保证成苗时根系将基质全部包裹。从移栽前 15 d 开始,控水的程度以烟苗中午发生轻微至中度萎蔫,早晚能恢复为宜。

4. 温度和湿度管理

播种后棚内温度保持在 22 ℃,烟苗出齐后,棚内白天最高温度控制在 28 ℃以下,夜间棚内温度控制在 13～15 ℃。在搭建育苗棚时配备防冻设施,可采取"棚中棚"的方式;遇霜冻、下雪等天气,还应在小棚膜外加盖稻草保温。寒流天气时可推迟开门时间,下午提早关门。

温度回升时,要及时掀开小棚薄膜,打开棚门,防止气温骤升出现高温烧苗。在晴天且温度相对较高的中午及时进行通风排湿,必要时可掀起大棚两头薄膜通风,以降低棚内湿度,减少气生根数量及病害的发生。

5. 剪叶

烟苗剪叶 1～2 次,在 4 叶 1 心左右时进行第一次剪叶,每次间隔7～10 d。第一次剪叶把握"适当轻剪,以促苗整齐"为主要目的;以后视天气情况及苗情每次剪掉叶片约 1/3。剪叶应在生长点上方 3 cm以上位置,以不伤心叶为原则。

6. 炼苗

移栽前 10 d 开始控水炼苗,拆去育苗池挡板,将池底膜往沟底顺铺,便于排除池内积水;打开棚门,加大通风量,降低棚内温度。同时,循序渐进地揭开棚四周的薄膜进行炼苗。最后 2～5 d 可以将薄膜全部揭去,如遇雨天应及时盖膜。

7. 病害虫防治

坚持综合防治,预防为主的原则,在育苗过程中进行适当的药剂防治,移栽前喷施 1～2 次病毒病防治药剂。育苗大棚内禁止吸烟,进行各项农事操作之前需用消毒液洗手。

第六章

田间定向栽培技术

一、起垄

（1）起垄时间　一般要求在 4 月 1—20 日起垄。对于地膜覆盖烟田，特别是先覆膜后栽烟和膜下小苗移栽的烟田，更应趁墒早起垄盖膜，以保住土壤墒情。

（2）垄体规格　垄距根据地势和地力情况决定一般为 1.1～1.2 m。东部要求垄高 30 cm 左右，垄体饱满呈弧形，垄底宽依烟行距而定，一般保持两垄及沟宽 20 cm 左右即可。做到土壤细碎，垄行排列整齐。

（3）垄行走势　平地南北走向起垄，缓坡地沿等高线起垄。

（4）起垄方法　人工起垄的，起垄前要充分细犁细耙，使烟田土壤疏松；土碎耙平，按规划的垄距划线定位，其后按照双条带施肥方法施入基肥，即可进行起垄。起垄后用锄头或钉耙等整理垄体。机械起垄的，先调试好机械设备，按照设定的宽度，实现旋耕与高标准成垄相结合（图 6-1）。鼓励大小行起垄，以方便烟田操作。

图 6-1　起垄

　　起垄后,须查看起垄高度(图 6-2),并根据土壤墒情等因素,选择先覆膜后移栽或先移栽后覆膜两种覆膜方式。在覆膜时应使地膜与垄面紧紧相贴,呈相对密闭状态,覆膜前垄上要喷除草剂。

图 6-2　查看起垄高度

二、合理施肥

1. 土壤肥力分级及推荐施肥量

利用相对产量将土壤肥力分为低、较低、适宜、较高和高 5 个等级,其中较低、适宜、较高3个等级的分级标准如表6-1、表6-2所示。不同土壤肥力分级下施肥基本原则不同:土壤肥力等级为低的区域,施肥目标为培肥地力,施肥基本原则是提高性施肥;土壤肥力等级为较低的区域,施肥目标为增产和培肥地力,施肥基本原则为提高性施肥;土壤肥力等级为适宜的区域,施肥目标为保证产量和品质,维持地力,施肥基本原则为维持性施肥,采用常规施肥量;土壤肥力等级为较高的区域,施肥目标为保证产量和品质,控制环境风险,施肥基本原则是降低环境风险,在常规施肥量基础上减少30%～50%;土壤肥力等级为高的区域,在可行条件下调整种植区划。

表 6-1　土壤供氮能力分级

碱解氮含量 /(mg/kg)	有机质含量/%		
	<1.0	1.0～1.5	>1.5
<50	较低	较低	适宜
50～65	较低	适宜	适宜
65～70	适宜	适宜	较高
>70	适宜	较高	较高

表 6-2　土壤供磷能力和供钾能力分级

等级	有效磷含量/(mg/kg)	速效钾含量/(mg/kg)
较低	<25	<150
适宜	25～40	150～220
较高	>40	>220

　　根据氮肥推荐方法及土壤肥力的分级标准,利用QUEFT模型,对不同土壤供氮、供磷、供钾能力的土壤,根据目标生物学产量,计算获得理论氮肥、磷肥、钾肥推荐用量,结合产区实际,建立不同土壤肥力等级下的肥料推荐用量。具体结果如(表6-3至表6-5)所示。

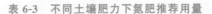
表 6-3 不同土壤肥力下氮肥推荐用量　　　　　kg/亩

土壤供氮能力分级	目标产量	氮肥推荐用量
较高	180	2.4～4.5
	170	2.5～3.5
	150	1.5～2.5
适宜	180	4.5～5.5
	170	3.5～4.5
	150	2.5～3.5
较低	180	5.5～6.5
	170	5.0～5.5
	150	4.5～5.0

表 6-4 不同土壤肥力下磷肥推荐用量　　　　　kg/亩

土壤供磷能力分级	目标产量	磷肥推荐用量
较高	180	3.7～4.0
	170	3.5～3.7
	150	3.5
适宜	180	4.0～4.5
	170	3.7～4.0
	150	3.5～3.7
较低	180	4.5～5.0
	170	4.0～4.5
	150	3.7～4.0

表 6-5 不同土壤肥力下钾肥推荐用量　　　　　kg/亩

土壤供钾能力分级	目标产量	钾肥推荐用量
较高	180	13.0～13.5
	170	12.0～13.0
	150	12.0

续表 6-5

土壤供钾能力分级	目标产量	钾肥推荐用量
适宜	180	13.5～14.5
	170	13.0～13.5
	150	12.0～13.0
较低	180	14.5～15.5
	170	13.5～14.5
	150	13.0～13.5

2. 施肥原则

一是根据品种需肥特性,结合土壤肥力结果及地块情况,优化施肥配方,减少施肥次数,氮肥、钾肥后移,实施精准施肥,提高肥料利用率,保证烟株养分协调,提高烟叶质量。二是合理配比。在隔年使用锌、硼微肥基础上,高度重视有机、无机肥料搭配,氮、磷、钾大量元素搭配。控制氮素用量,确保优质易烤。

3. 施肥方式

①基肥。起垄深度为 15～20 cm。起垄时条施全部磷肥、30％烟草专用复合肥、微肥和饼肥(图 6-3)统一拌肥(图 6-4)。②提苗肥。移栽时,将全部硝酸钾作为提苗肥撒施于烟株周围。③追肥。特别是西部烟区,要高度重视追肥(或缓释肥)的使用,追肥时间为栽后 25～30 d;东部烟区,应根据烟田长势,结合土壤墒情,对弱苗、小苗追肥。主要肥料品种为硝酸钾,施入烟株两侧最大叶片正下方,施肥深度为15～20 cm;旺长期喷施浓度为 2％的磷酸二氢钾叶面肥。

4. 施肥关键

一是控氮。对花生茬、土壤黏重地块,加大降氮力度。二是区分移栽方式施肥。井窖式移栽、膜下烟田,在常规烟田施肥的基础上每亩再减少 0.5～1 kg。三是优化肥料配置,增施有机。有机肥以发酵豆饼、腐熟牛粪为主,东部沙土施豆饼 30 kg/亩,西部褐土施豆饼

图 6-3　发酵豆饼

图 6-4　统一拌肥

25 kg/亩,南部棕壤施豆饼 30 kg/亩;东部沙土施腐熟牛粪第一年每亩不超过 640 kg,第二年每亩不超过 400 kg(表 6-6)。

根据灌溉条件和土壤质地确定有机氮比例,水浇条件好的沙土、壤土,有机氮比例控制在 $40\%\sim50\%$;黏土、水浇条件差的地块,有机氮比例适当降低到 $30\%\sim35\%$。同时,在团棵期、旺长期将各喷施一次叶面钾肥。

表 6-6 施肥量与肥料配比要求

临朐	氮肥用量/(kg/亩)	氮磷钾配比	基追比例
东部	$4.5\sim5$	$1:(0.5\sim1):(2.5\sim3)$	氮磷肥$(7:3)\sim(5:5)$
西部	$3.5\sim4$	$1:(0.8\sim1):(2\sim2.5)$	
南部	$4\sim5$	$1:(0.8\sim1):(3\sim3.5)$	

三、适期移栽

1. 适宜移栽时期

确定合理、适宜的移栽期是优化大田生育期的主要措施,对于保证烤烟正常发育和提高烟叶质量具有重要意义。合理的移栽期就是把烤烟的生长发育过程安排在最适宜的光照、温度条件下,为优质烟叶生产创造条件。

(1)移栽期对烟草的影响

研究结果表明,移栽期对烟草生育进程产生显著影响。随移栽期推迟,烟草生育期明显缩短,主要表现在现蕾之前的营养生长阶段(伸根期、旺长期)和成熟后期,而成熟前期时间基本一致。其原因主要是,随移栽期推迟,气温显著升高,导致生育进程加快而使生长前期时间显著缩短,而不同移栽期烟草生长发育所需有效积温基本一致,符合植物生长积温恒定原理;而晚栽处理成熟后期降温剧烈,烟叶经常在未完全成熟时提前采收,导致生育期显著缩短。不同移栽期跨度较大时对烟株生长发育有显著影响,移栽期跨度较小时对烟株生长发育影响较小(图 6-5)。

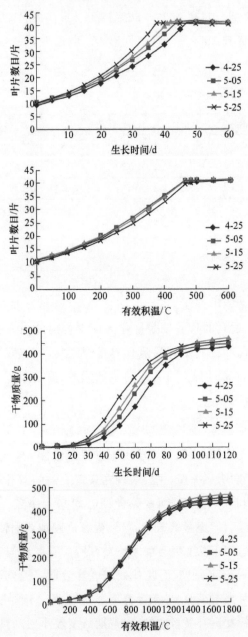

图 6-5 不同移栽期对烟草生长发育规律的影响

　　移栽期对烤后烟叶外观质量、化学成分、感官评吸质量均产生较显著影响，主要表现在：随移栽期推迟，烟叶外观质量改善；烟叶糖含量呈现先升高后降低趋势，烟叶淀粉含量降低，烟叶烟碱含量降低，烟叶糖碱比、氮碱比先升高后降低，烟叶化学协调性总体呈现先升高后降低趋势，以 5 月中旬左右移栽最佳；中部烟叶感官评吸得分呈现先升高后降低趋势，以 5 月中旬最高，5 月下旬略低于 4 月下旬，差异主要体现在香气质、香气量、余味、杂气、刺激性等指标中，而不同移栽期烟叶燃烧性、灰色得分基本一致（图 6-6、表 6-7、表 6-8）。

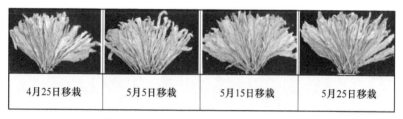

| 4月25日移栽 | 5月5日移栽 | 5月15日移栽 | 5月25日移栽 |

图 6-6　不同移栽期烤后烟叶外观质量

表 6-7　不同移栽期烟叶化学成分

移栽期 （月-日）	还原糖 /%	总糖 /%	烟碱 /%	总氮 /%	钾 /%	氯 /%	糖碱比	氮碱比	钾氯比
4-30	22.78	25.37	2.19	1.92	1.61	0.27	11.24	0.89	7.82
5-10	23.68	26.50	2.07	1.83	1.55	0.27	11.85	0.88	7.75
5-20	21.49	24.18	1.96	1.80	1.77	0.30	11.33	0.91	6.40

表 6-8　不同移栽期烟叶感官评吸得分

移栽期 （月-日）	香气质 15	香气量 20	余味 25	杂气 18	刺激性 12	燃烧性 5	灰色 5	总得分 100
4-30	10.91	15.73	18.82	12.87	8.75	3.01	3.01	73.11
5-10	11.03	15.80	19.00	13.10	8.86	3.02	3.01	73.81
5-20	10.91	15.65	18.74	12.82	8.75	3.02	3.01	72.91

(2)移栽期优化

研究结果表明,生长前期温度是影响烟株生长发育进程和烟叶品质的关键因素。以烟叶质量为评价移栽期的标准,构建各地不同移栽期示范处理烟叶感官评吸总得分与各处理移栽时温度的回归曲线方程,如图 6-7 所示。根据烟叶评吸得分≥73.5 为较好档次的标准,计算获得优质烟叶移栽时的温度为 17.98～20.40 ℃,可知优质烟叶移栽时气温须高于 18 ℃。前期研究表明,烟叶质量与成熟后期气温也有显著相关关系,计算获得顶叶采收时温度须高于 20 ℃。

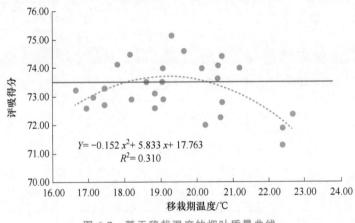

$$Y = -0.152\, x^2 + 5.833\, x + 17.763$$
$$R^2 = 0.310$$

图 6-7　基于移栽温度的烟叶质量曲线

计算了临朐烟区近 50 年不同保证率下稳定通过 18 ℃的起始时间与到 20 ℃的终止时间,如表 6-9、表 6-10 所示。在保证率≥60％的情况下,稳定通过 18 ℃的起始时间为 5 月 13 日,稳定通过 20 ℃的截止时间为 9 月 17 日。

表 6-9　不同保证率下稳定通过 18 ℃起始至 20 ℃终止的时间

安全保证率	起始日期(月-日)	终止日期(月-日)	天数
≥50％	5-11	9-20	132
≥60％	5-13	9-17	127

续表6-9

安全保证率	起始日期(月-日)	终止日期(月-日)	天数
≥70%	5-16	9-15	122
≥80%	5-19	9-13	117
≥90%	5-22	9-10	111

表 6-10　不同保证率下稳定通过 18 ℃移栽后伸根期的温度

地点	保证率	起始日	起始日至起始后 30～45 d 内平均气温/℃			
			起始后 30 d	起始后 35 d	起始后 40 d	起始后 45 d
临朐	≥50%	5-11	22.44	22.91	23.20	23.10
	≥60%	5-13	23.06	23.14	23.68	23.83
	≥70%	5-16	23.63	23.86	24.11	24.22
	≥80%	5-19	23.99	24.48	24.57	24.57
	≥90%	5-22	24.67	24.78	24.80	24.94

　　根据优质烟叶生产对温度的需求,依据临朐常年气候条件及稳定通过 18 ℃、20 ℃的起止时间,不同保证率下移栽后伸根期的温度,结合当地实际情况,优化当前各地适宜移栽时间,科学合理配置了各生育阶段时间。临朐东部平均气温相对较高,建议移栽期为 5 月 1—15 日,全生育期 120～130 d;临朐西部 4 月下旬至 5 月初气温较低,建议移栽期为 5 月 10—25 日,全生育期 118～125 d。采收截止时间为 9 月 20 日,10 月 1 日前完成烘烤,11 月 1 日前完成收购(图 6-8)。

2. 合理移栽方式

　　烟叶移栽采用的方式有常规、膜下和井窖 3 种。结合东部、西部土壤条件的不同,要因地制宜优化移栽技术,土层较深、墒情适宜的壤土地块采取井窖式移栽,黏土、沙质土壤探索采用改良井窖式或小苗膜下移栽。因地制宜推广移栽方式,核心问题是大苗深栽,以提高大田整齐度,确保所有烟田在 9 月 20 日前全面结束采烤,大田生育期控制在 120 d 以内。

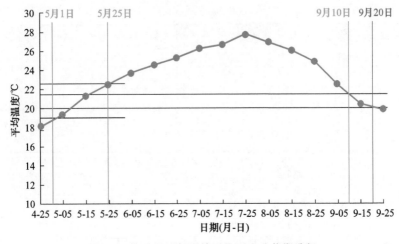

图 6-8　临朐平均气温情况及适宜移栽期选择

井窖式移栽:在水源条件好、质地为壤土的地块选择井窖式移栽(图 6-9),并对有关技术进行改进。一是选择适宜地块。井窖式移栽

图 6-9　井窖式移栽

适于土层较深、有水浇条件、配套滴灌的壤土地块；黏土、沙质土壤谨慎考虑。二是烟苗与投苗要求。以烟苗最大叶片略露出井口为宜；移栽早的烟苗茎高 5~7 cm，井窖深 15 cm；移栽较晚烟苗茎高 6~8 cm，井窖深 18 cm。投苗后加盖覆土，覆土以覆盖苗垛 1/2~2/3 为宜。三是加强移栽管理。移栽时浇水时量要足，以灌满井窖不淹没芯叶为宜，冲下的泥土不要埋到烟苗芯叶。

对不适于井窖的地块，立足大苗深栽，可探索采用改良井窖式或小苗膜下移栽。改良井窖式即将井窖式和常规移栽相结合，采用打孔器打孔配合大苗深栽的一种模式。

四、合理密植

1. 密度对烟株的影响

相关研究结果表明，种植密度对烟草株形、干物质积累等有显著影响。随株距减小、密度增大，烟株主茎变高变细，有效叶数减少，各部位叶片大小、重量显著降低，整株干物质积累量显著降低；而从群体角度分析，高密度处理减弱了烟草单株的发育，但使群体生物量增加，从而使烟叶产量、产值随密度增大呈现升高趋势。从整株株型来看，随着密度增大，下部叶片生长空间受限，有利于上部叶生长，烟草株形更倾向形成筒形、塔形；随着密度减小，各部位叶片生长空间变大，更有利于中部叶片发育，烟草株形也向腰鼓形转变。叶片对光环境的适应策略是导致单叶生物量差异的原因，低密度有利于单叶生物量，特别是中部叶生物量积累，高密度有利于三个部位烟叶干物质的均衡分配，因此优化冠层内部作物及光环境的空间分布，对调控干物质分布和提高群体生产力有重要的生理意义。种植密度对烟草叶片均匀性有显著影响。随着密度增加，成熟期烟叶的大小、单叶重及烟碱含量的变异系数均呈降低趋势，这表明，高密度群体可以调控烟叶更加均匀一致。

种植密度与施氮量对烟叶经济性状产生影响。总体来看,随施氮量增加,烟叶产量、产值也呈现先升高后降低。同一施氮条件下,随株距减小、密度增大,烟叶产量、产值、均价及上等烟比例呈现先升高后降低趋势。种植密度与施氮量对烟叶质量产生明显影响。从化学成分看,随施氮量的增加,烟叶还原糖、总糖含量及糖碱比显著下降,而总植物碱、总氮含量显著升高;随密度增大,烟叶还原糖、总糖含量和糖碱比升高,总植物碱含量下降。从感官评吸看,随株距减小,烟叶感官评吸质量呈现先升高后降低趋势,以 50 cm 株距最高,40 cm 株距质量高于 60 cm,差异主要体现在香气质、香气量、余味、杂气等方面(图6-10、表 6-11、表 6-12)。

表 6-11　不同株距烟叶化学成分

株距/cm	还原糖/%	总糖/%	总植物碱/%	总氮/%	钾/%	氯/%	糖碱比	氮碱比	钾氯比
40	23.23	26.68	1.92	1.78	1.65	0.28	12.27	0.93	8.66
50	22.36	26.15	1.98	1.80	1.59	0.28	11.72	0.91	7.80
60	20.60	24.01	2.24	1.92	1.70	0.32	9.42	0.85	6.87

表 6-12　不同株距烟叶化感官评吸质量

株距/cm	香气质 15	香气量 20	余味 25	杂气 18	刺激性 12	燃烧性 5	灰色 5	总得分 100
40	11.08	15.80	19.03	12.88	8.75	3.00	3.00	73.53
50	11.14	15.86	19.06	12.89	8.73	3.00	3.00	73.69
60	10.97	15.70	18.84	12.64	8.73	3.00	3.00	72.89

2. 种植密度优化

烟草合理株形与群体调控须考虑烟叶产量和质量的平衡,统筹协调种植密度与施氮水平。研究结果显示,适当增加密度,可以培育"中棵烟"长相,群体生物产量增加,烟叶化学成分协调性及感官质量提升。因此,当前种植建议采用宽行距窄株距、适当增密、控制施氮水平

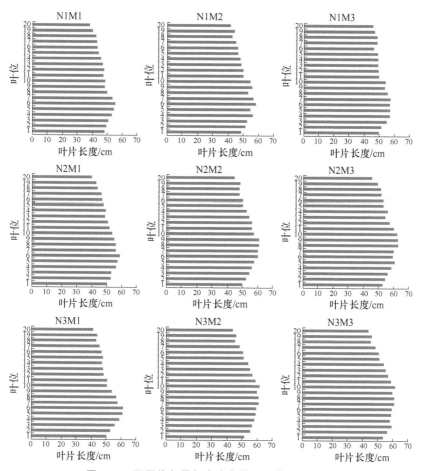

图 6-10　不同施氮量与密度条件下烟草株型特征

注：N1M1：纯氮 0 kg/亩，株距 30 cm；N1M2：纯氮 0 kg/亩，株距 45 cm；N1M3：纯氮 0 kg/亩，株距 60 cm；N2M1：纯氮 4 kg/亩，株距 30 cm；N2M2：纯氮 4 kg/亩，株距 45 cm；N2M3：纯氮 4 kg/亩，株距 60 cm；N3M1：纯氮 8 kg/亩，株距 30 cm；N3M2：纯氮 8 kg/亩，株距 45 cm；N3M3：纯氮 8 kg/亩，株距 60 cm。

的模式，适宜施氮量范围为 4.5～6.0 kg/亩，低肥力地块可以适当增施纯氮 0.5～1.0 kg/亩。不同品种应根据品种特性适当调整，如中川 208 适宜施氮量范围为 4.5～5.5 kg/亩，中烟 100 适宜施氮量范围为

5.0～6.0 kg/亩;种植密度根据土壤肥力情况进行适当调整,行距可增加至 125～130 cm,株距范围为 42～48 cm。相对低氮条件下,采用 45～48 cm 株距的低密度模式;相对高氮条件下,采用 42～45 cm 株距的高密度模式,整体种植密度适当增加至 1 200～1 250株/亩,保障单株营养供给处于合理水平,构建合理的群体结构。

临朐主体烟区(丘陵、坡地、沙质土壤地块区域)按行距 120 cm,株距 45～50 cm 规格移栽;水浇条件好的平原、黏重土壤地块按行距 125 cm、株距 45 cm 规格移栽,确保移栽密度在 1 200株/亩左右。

烟叶回归曲线见表 6-13。

表 6-13　烟叶回归曲线

目标	因素	方程	顶点值
烟叶产值	施氮量/(kg/亩)	$Y=-30.52x^2+308.04x+2\,892.74$	5.05
	种植密度/(株/亩)	$Y=-0.000\,9x^2+2.278\,2x+1\,937.71$	1 266
烟叶评吸得分	株距/cm	$Y=-0.004\,8x^2+0.445\,5x+63.35$	46
	种植密度/(株/亩)	$Y=-1.051\,6e^{-5}x^2+0.025\,7x+58.07$	1 222

五、揭膜培土

1. 揭膜培土的作用

临朐烟区为缺水干旱区,常发生年度干旱。干旱年份土壤中盐分累积,易发生次生盐渍化。雨季来临前适时揭膜,可充分利用降雨淋洗盐分,解决次生盐渍化问题,降低烟叶氯离子含量,减少烟叶地方性杂气,有利于烟叶品质提升。

烟田揭膜有利于促进烟株早生快发;可使降雨直接进入垄体,提高自然降雨和肥料的利用率,提高烟株根系活力,促进根系生长,加快烟株中后期的生长发育,有利于烟株开秸开片,提高烟叶的产量和质量。揭膜后有利于增强土壤通透性,避免地膜覆盖影响土壤气体交

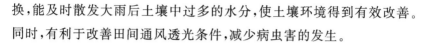

换,能及时散发大雨后土壤中过多的水分,使土壤环境得到有效改善。同时,有利于改善田间通风透光条件,减少病虫害的发生。

2. 揭膜注意事项

烟田揭膜要注意以下几点:一是适时揭膜。根据生产实际,可在移栽45 d后揭膜。揭膜不宜过迟,以避免出现第二次吸氮高峰,使烟叶不能正常成熟落黄,因烟叶烟碱含量过高、化学成分比例失衡而降低烟叶品质。二是彻底清除杂草。烟田揭膜后应及时清除田间杂草,避免发生草荒。三是注重水分管理。合理调节土壤水分,适时进行烟田灌溉和烟田排水。四是合理施肥。揭膜烟田要比不揭膜烟田每亩减少0.5~1 kg纯氮量,避免烟株贪青晚熟。五是彻底清除残膜。地膜在田间难以降解,污染土壤,揭膜时残膜要全部清理出烟田并集中处理。六是及时进行培土。揭膜后及时进行培土,做到不伤根系,增加土壤通透性,促进根系发达,避免烟株倒伏。

六、灌溉排水

烤烟是需水量较多的作物,并且各生育阶段对水分的需求不同,如何满足烤烟各个生育期对水分的需求,是生产优质烟叶的必要措施之一。前期缺水易造成烟株生长缓慢,开秸开片不充分;后期雨水偏多,土壤肥效集中释放,易造成成熟期推迟,烟叶难以落黄。以破解水的制约为突破口,主动配合烟叶生长需水规律,全面推行全生育期按需供水是实现烟叶高质量发展的重要保障措施。

1. 烟草需水规律

大田期烤烟的耗水具有伸根期少、旺长期多、成熟期又少的规律。伸根期耗水量占全生育期耗水总量的4%~10%,需保证移栽时充足的定根水,保证烟苗成活;随着烟苗逐渐生长,耗水量逐渐增加,轻度干旱有利于促进根系生长。旺长期耗水量占全生育期耗水总量的

53%～56%,此期烟株蒸腾量急剧增加,对水分的需要量最多,必须保持土壤含水量为最大田间持水量的70%～80%。成熟期耗水量占全生育期耗水总量的35%～38%,此期土壤水分状况对烟叶成熟和烟叶质量有显著的影响。

2. 烟田水生态特征

临朐降水情况为5月、6月降水较少,7月、8月处于雨季,降水较多,9月降水又减少。烟株生长早期降水少,地面蒸发大,叶面蒸腾速率高,造成根际和烟株生理性缺水。伸根期常年平均水分亏盈量为56 mm,亏水概率88.7%;旺长期常年平均水分亏盈量为62 mm,亏水概率79.5%;成熟期常年平均水分亏盈量为-134 mm,亏水概率22%。烟草生长前期自然降水难以满足烟株正常生长需要,必须按需供水;生长后期需水逐渐减少,现有降水情况常超过烟草水分需求,因此在该时期需注意排水防涝(图6-11)。

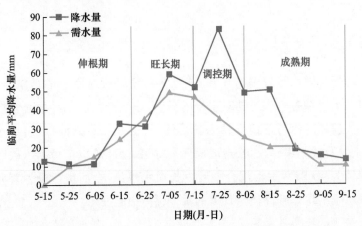

图6-11 临朐平均降水情况与烟草不同生长时期需水情况

3. 灌溉标准

(1)灌溉原则

浇足移栽水,重浇旺长水,适浇平顶水,巧浇成熟水。

（2）适宜土壤含水量

烟田最适土壤含水量指标为：伸根期 70％～75％，旺长期 80％～90％，成熟期 75％～80％。土壤水分亏缺指标为：伸根期低于 45％，旺长期低于 70％，成熟期低于 60％。

（3）各时期灌溉标准

伸根期：此期主要以促进根系发育为主，烟株需水相对较少，适当干旱能促进根系发育，有利于后期营养物质的吸收，土壤水分含量可保持在田间最大持水量的 70％～75％。此期一般为移栽后 21～28 d，一般灌溉 1～2 次，如移栽后遇到持久干旱，须提早进行浇水。

旺长期：此期烟株生理活动旺盛，蒸腾作用急剧增加，是烟株生长最快、干物质积累最多、需水量最多的时期，也是决定产量和质量的关键时期，应保持土壤水分含量在田间最大持水量的 80％～90％。此期应保证及时浇水，并浇足浇透，一般灌溉 2～3 次。

成熟期：此期烟株生理活动下降，但也需要消耗一定的水分，土壤水分含量一般要求保持在田间最大持水量的 75％～80％，以保证烟叶正常成熟，改善上部烟叶的烘烤质量。此时期降水较多，一般不用浇水，同时注意防涝，如遇干旱，须适时浇水。

山东烟区需水规律和灌溉模式见表 6-14。

表 6-14　山东烟区需水规律和灌溉模式

移栽后天数	0～10 d	20～30 d	30～40 d	40～50 d	50～60 d	60～70 d	70～80 d	90～120 d
生育时期	伸根期（40 d 左右）			旺长期（30～35 d）			成熟期（60 d 左右）	
主要农事操作	移栽		追肥	揭膜培土		打顶	清除脚叶	采收烘烤
烟田总需水量	150 kg 亩产量水平下，耗水量为 300～500 m³，其中蒸腾量为 75～150 m³							

续表 6-14

移栽后天数		0~10 d	20~30 d	30~40 d	40~50 d	50~60 d	60~70 d	70~80 d	90~120 d
耗水特征	主要耗水方式	地表蒸发			蒸腾			蒸腾	
	总耗水量占比	4%~10%			53%~56%			35%~38%	
	耗水比率	0.7	0.75	1.2	0.95	0.85	0.75	0.7	0.48
	其中:蒸腾耗水	0.05	0.1	0.5	0.6	0.55	0.5	0.5	0.3
	其中:蒸发耗水	0.6	0.65	0.7	0.35	0.3	0.25	0.2	0.15
烟株指标	需水特征	水分关键期			水分临界期和水分关键期				
	需水量	110 mm			150 mm			240 mm	
	直观判定标准	不出现萎蔫			轻度萎蔫可恢复			不出现萎蔫	
土壤指标	适宜田持	70%~75%			80%~90%			75%~80%	
	水分亏缺田持	45%			70%			60%	
	灌溉湿润土层	25 cm			50 cm			30 cm	
	直观判定标准	紧握成团			轻握成团			轻握成团	
生态特征	常年平均水分亏盈量	56 mm			62 mm			−134 mm	
	亏水概率	88.7%			79.5%			22.0%	

4. 节水灌溉技术

(1)滴灌

滴灌是将具有一定压力的水,过滤后经管网和滴灌带,用滴孔以水滴的形式缓慢而均匀地滴入植物根部附近土壤的一种灌溉方法。滴灌系统将灌溉水通过主管、干管、支管均匀地送到滴灌带上,以满足烤烟生长的需要。滴灌有固定式地面滴灌、半固定式地面滴灌、膜下滴灌和地下滴灌等不同方式。滴灌是水资源高效利用的灌溉方式,更是烟草生产中一项高效化、精准化的先进技术措施。注意滴灌带(毛管)长度一般不得超过 70 m,支管一般不超过 80 m(图 6-12)。

图 6-12　田间滴灌设施

与沟灌相比,滴灌条件下,烟株根系随水分运移分布,水平分布范围小,垂直分布范围大,二级侧根较发达(图 6-13)。需结合当地灌水条件,根据不同土壤类型及根系分布情况调整灌水时间。不同土壤类型滴灌下土壤水分分布见图 6-14。

沟灌
根系水平分布范围大,
垂直分布范围小。

滴灌
根系水平分布范围小,
垂直分布范围大。

图 6-13　不同灌溉方式根系分布

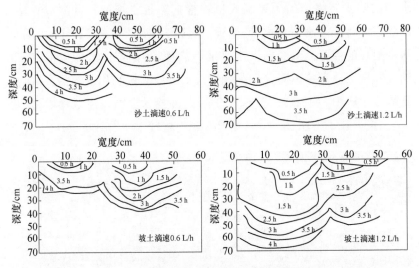

图 6-14　不同土壤类型滴灌下土壤水分分布

注:上图为沙壤土、沙土等轻质土壤,下图为黏壤土、黏土等中重质土壤。左部分为低滴速(0.6 L/h),右部分为正常滴速(1.2 L/h)下的不同灌溉时间土壤水分分布情况。

　　根据生产需要,烤烟滴灌可分别在移栽、小团棵、大团棵、旺长及成熟时期进行。灌溉指标如表 6-15 所示。烤烟滴灌的灌溉原则为:移栽后 3~4 周,视土壤墒情、烟株发育需求,进行第一次滴灌;旺长期旬降雨量不足 40 mm 或连续 5 d 无雨,须进行滴灌;成熟期旬降雨量不足 30 mm 或持续干旱,须进行滴灌(表 6-15)。

表 6-15　烤烟滴灌灌溉指标与灌溉制度

生育期	干旱指标 /%	计划湿润层 /cm	滴灌次数 /次	灌水定额 /(kg/株)	灌水周期 /d
缓苗期	≤50	15~20	0	—	—
伸根期	≤50	15~20	2	0.5~1	5~7
旺长期	≤70	30~40	4	1.5~2.0	3~5
成熟期	≤60	20~30	2	1.5~1.8	5~7

（2）微喷灌

微喷是在一定压力条件下（200 kPa 左右），水分通过摆布于烟行间的微喷带，从微喷带上侧的微孔呈雾状射出，水雾高度 1.4～1.6 m，喷幅为 3～4 m，每小时 12～15 m³（图 6-15）。微喷设备可由一根主管带 3～5 条微喷带，根据压力大小每条微喷带喷 2～4 行烤烟（图 6-15）。微喷具有保持土壤物理性状、省水省工、减轻病虫害、均匀度高、改善田间小气候等特点，比较适合在烤烟大团棵期、旺长期应用。大团棵期每亩浇水量 9 m³ 以上，旺长期每亩浇水量 24 m³ 以上，视烟株生长需要确定喷淋次数（表 6-16）。

图 6-15　田间微喷灌设施

表 6-16　烤烟微喷灌溉指标与灌溉制度

全生育期 按需供水	干旱指标 /%	浇水量 /(m³/亩)	微喷灌次数 /次	灌水定额 /(kg/株)	灌水周期 /d
大团棵水	≤50	9	1	1～1.5	5～7
旺长水	≤70	24	2	1.5～2	3～5

5. 及时排水

临朐烟区一般7月下旬至8月处于雨季，降水较多，超出烟草水分需求，因此应注意排水防涝，提前挖沟开渠，做好应急准备。

七、水肥一体化

水肥一体化技术是将灌溉与施肥融为一体的现代农业技术，是发展绿色高质高效农业、转变农业发展方式、建设生态文明的有效手段。水肥一体化技术将可溶性固体肥料或液体肥料，按照农田土壤肥力和农作物所需营养特点和规律，配兑成相应的肥液溶于灌溉水中，可均匀、定时、定量浸润在农田农作物生长区域，让土壤一直满足作物生长对水分和肥料的需求。与传统的灌溉和施肥措施相比，水肥一体化技术具有省水、省肥、省时，降低农业成本，降低病虫害发生率，保证农作物品质和产量，减少环境污染，改善土壤微环境、提高微量元素使用效率等显著的优点。因此，水肥一体化技术是现代农业健康科学发展的有力保障。最适于烤烟生产的水肥一体化技术是滴灌水肥一体化技术。

1. 水肥一体化设备

完整的水肥一体化系统由水源、施肥设备、过滤设备、各级管网及滴灌带等必须部分和压力及流量监控装置、控制阀、排水阀等按需安装部分组成。水源条件为滴灌系统设计的首要因素，滴灌系统的设计不能超过水源的供给能力。水质必须符合灌溉水质的要求，其中，烤烟灌溉水中氯离子含量 <16 mg/L 为宜。滴灌属于有压灌溉，要求系统能够提供所需要的压力，除利用天然水源与灌溉地块之间的地形高差建设自压灌溉系统外，均需设置泵站。泵站由水泵机组、泵房及进出水管路系统组成，一般利用离心泵机组或潜水电泵（面积较小地块采用单机单泵控制），水泵一般应使用动力可调式水泵。

根据灌溉面积及大田水电条件配置水泵种类及规格;主支管及毛管的水、肥必须经由过滤器过滤以防止毛管堵塞,过滤施肥装置应按照图纸顺序连接;支管过流量应根据实际灌溉面积配置;起垄后进行毛管铺设,毛管铺在垄上方、地膜下方,山地通过支管开关或铺设压力补偿式滴灌带调节流量,以保证水肥均匀度。

2. 烟田水肥一体化设计

水肥一体化系统设计主要包括首部枢纽设计、田间管网设计。

水肥一体化系统的首部枢纽包括动力装置、施肥(药)装置、过滤设施和安全保护及量测控制设备。根据水源的不同设计相应的抽水供水动力,并根据水源水质选择过滤设备。动力装置包括电源、水泵等,在没有电源的烟田可采用由汽油(柴油)机组装的灌溉施肥一体机作为动力。施肥(药)装置是向系统的压力管道内注入水溶性肥料(农药)的设备,常用的有泵注式施肥装置、泵吸式施肥装置,以及比例施肥器。常用的过滤器有介质过滤器、离心式过滤器、网式过滤器、叠片式过滤器,以及自动反冲洗过滤器(图6-16、图6-17)。

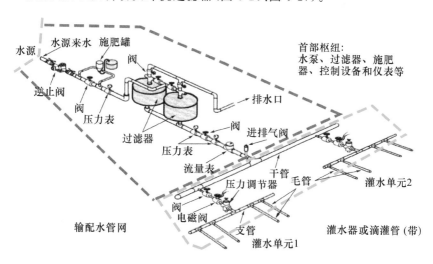

图 6-16 水肥一体化首部布局示意图

图 6-17　水源首部过滤器类型

　　水肥一体化系统的田间管网包括从首部枢纽开始到田间的输水管道,它们由不同直径和不同类型的管件构成。田间管网设计应遵循因地制宜的原则,应综合考虑水源条件、地形、土壤保水性等因素。田间管网一般使用塑料管,主要有聚氯乙烯(PVC)、聚丙烯(PP)和聚乙烯(PE)管,首部枢纽一般使用镀锌钢管和 PVC 管。干管一般采用农户平常浇地的现有管带,建议尺寸为 $\phi 75$ mm,主管采用 $\phi 75$ mmPE 输水软带,支管采用 $\phi 63$ mm 输水软带,滴灌带采用 $\phi 16$ mm 迷宫式滴灌带。土壤保水性决定毛管的选择,一般土壤保水性好的地块可选择滴头间距 30 cm 的毛管;土壤保水性差的地块可选择滴头间距 20 cm 左右的毛管(图 6-18)。

图 6-18　滴灌管铺设

　　地形地貌是田间管网设计的首要考虑因素。地形条件一般分为平原、丘陵及山地等。不同地形条件下滴灌系统的设计有一定差异，但一般遵循支管单侧长度不超过 50 m，总长度不应超过 100 m；同时，支管铺设时应留有余量（3%），以避免热胀冷缩造成滴灌带和管件脱落。毛管（滴灌带）单侧极限长度为 75～85 m，实际铺设以 50～60 m 为宜。

　　平原、丘陵地块较大时，主管、支管及毛管可以采用 T 型分布（鱼骨式分布）设计，适合水源较好条件；地块较小时，主管、支管及毛管可以采用梳式分布设计，适合水源较差条件。山区设计一般也采用此类设计。山地条件设计时，应充分考虑系统安全性、合理性，防止局部管道压力过大胀破管道。需要多设置球阀、排水阀、减压阀等。轮灌小区划分不易过大,应方便运行、管理和维护。在设计中,支管应垂直于等高线,毛管应平行于等高线(图 6-19)。

图 6-19　山地水肥一体化布局

3. 水肥一体化技术参数

根据烟区气候、田间肥力、烤烟品种等因素确定灌溉施肥制度。

(1)烟草灌溉制度

灌水量根据烤烟生育期的降雨量及烟田土壤的水分情况确立,每年实际灌水量应根据当季降雨量与常年平均降雨量的差值作相应增减。烟田最适相对含水量指标在烟株伸根期、旺长期、成熟期分别为土壤最大持水量的 70%、85% 和 75%。灌水量以达到主要根系分布范围为宜,可在当地不同质地土壤上进行不同滴速和灌溉时间下的灌溉深度试验来指导、确定灌水时间和滴速。一般灌溉时间在 1～5 h 为宜,超出本范围,可通过调节灌溉压力或者灌溉面积来调整滴速。

（2）烟草施肥制度

田间施氮、磷、钾具体总额及比例由田间肥力和烤烟品种决定。由于水肥一体化条件下水肥利用率大幅提高,计算滴灌施肥量时肥料利用率可比常规施肥提高 20%～30%来折算。一般而言,若烤烟追肥阶段采用灌溉施肥,烤烟施肥水平应作调整,每亩宜减施纯氮 1～1.5 kg。一般采取以下 3 种制度。

①有机肥、50%氮肥为基肥,剩余肥料视烟株长势分别于移栽后 28 d、35 d、42 d 滴灌追施;移栽后 28 d 追施 25%的氮肥,移栽后 35 d 追施 25%的氮肥和 50%的钾肥,移栽后 42 d 追施 50%的钾肥。

②有机肥为基肥,剩余肥料视烟株长势分别于移栽后 28 d、35 d、42 d 滴灌追施;移栽后 28 d 追施 50%的氮肥,移栽后 35 d 追施 50%的氮肥和 50%的钾肥,移栽后 42 d 追施 50%的钾肥。

③部分水肥一体化模式。有机肥、部分烟草复合肥作基肥和提苗肥,基肥和提苗肥的氮用量约占总施氮量的 50%。剩余 50%的氮肥和全部钾肥用液体肥代替,视烟株长势,于移栽后 30 d、40 d、50 d、60 d 分别滴灌追施。移栽后 30 d 追施 50%的氮肥,移栽后 40 d 追施 50%的钾肥,移栽后 50 d 追施 50%的钾肥。

八、打顶留叶

1. 打顶时期与留叶数对烟株的影响

研究结果表明,打顶时期与留叶数对烟草株型产生显著影响,提前打顶或减少留叶数均使烟株显著变矮,主要是因为烟株长高依靠茎顶端分生组织细胞的分裂分化及伸长区细胞的伸长,提前打顶或减少留叶数,均使茎顶端分裂伸长终止,从而影响主茎高度。留叶数对叶片大小的影响大于打顶时期,随留叶数减少,各部位叶片均显著变大,且主要为宽度的增加。打顶时期与留叶数对各部位烟叶单叶重均产生显著影响,提前打顶或减少留叶数使各部位烟叶单叶重显著变大。提前打顶使叶片变重可能是叶片显著增厚的原因;留叶数减少虽然减少了光合产物的源,也减少了光合产物的库,使干物质发生再分配,使每片叶积累的生物量显著增加。少留叶处理,叶总干重显著低于多留叶处理,但整株干重与多留叶处理间无显著差异,表明少留叶处理根、茎多积累的干物质弥补了少叶的缺口。

打顶时期与留叶数对烟叶化学成分含量产生显著影响,留叶数对糖含量的影响高于打顶时期,而打顶时期对烟碱含量的影响高于留叶数。留叶数增加,烟叶糖含量呈现先升高后降低趋势,可能是因为叶数增多,使烟株光合生产能力提高,合成的碳水化合物增加,烟叶糖含量积累量增加;而留叶数过多则会影响整株的光合效率,同时会加大消耗,降低烟叶糖含量。提前打顶(扣芯打顶)使烟碱含量升高主要是因为早打顶后烟碱大量合成,且肥料供应过量,烟碱显著升高;留叶数对中下部烟叶烟碱含量无显著影响,主要是因为打顶时期的作用太大,掩盖了留叶数的影响。单个时期来看,烟碱含量随留叶数减少也是明显升高的规律,其原因是烟碱在根部合成,多叶分配烟碱,每叶烟碱含量自然低于少留叶烟叶(表 6-17、表 6-18)。

表 6-17　不同打顶时期与留叶数处理各部位烟叶成熟期单叶重　　g

处理	下部叶单叶重			中部叶单叶重			上部叶单叶重		
	17 片	20 片	23 片	17 片	20 片	23 片	17 片	20 片	23 片
扣芯打顶	13.07	11.27	11.08	17.42	13.99	12.69	19.42	15.59	14.84
开花打顶	11.54	10.89	10.38	12.89	11.03	10.59	12.46	12.04	12.02

表 6-18　不同打顶时期与留叶数各部位烤后烟叶化学成分

处理	下部叶还原糖/%			中部叶还原糖/%			上部叶还原糖/%		
	17 片	20 片	23 片	17 片	20 片	23 片	17 片	20 片	23 片
扣芯打顶	17.55	18.85	18.65	18.96	20.46	20.33	18.18	19.11	19.01
开花打顶	17.59	19.20	18.13	19.38	20.84	20.65	19.48	19.94	19.73

续表 6-18

处理	下部叶总糖/%			中部叶总糖/%			上部叶总糖/%		
	17 片	20 片	23 片	17 片	20 片	23 片	17 片	20 片	23 片
扣芯打顶	19.06	20.80	20.41	20.14	22.30	22.16	20.02	21.55	20.81
开花打顶	19.55	20.34	19.79	21.71	23.24	22.62	21.40	22.84	21.73

处理	下部叶烟碱/%			中部叶烟碱/%			上部叶烟碱/%		
	17 片	20 片	23 片	17 片	20 片	23 片	17 片	20 片	23 片
扣芯打顶	2.66	2.39	2.10	3.04	2.64	2.58	3.42	2.74	2.44
开花打顶	1.86	1.83	1.66	2.14	2.07	2.16	2.42	2.11	2.12

处理	下部叶糖碱比			中部叶糖碱比			上部叶糖碱比		
	17 片	20 片	23 片	17 片	20 片	23 片	17 片	20 片	23 片
扣芯打顶	6.81	7.92	9.14	6.35	7.82	7.87	5.36	6.98	7.78
开花打顶	9.46	10.75	10.95	9.16	10.29	9.62	8.15	9.52	9.34

2. 适时打顶

根据烟株长势、烟田肥力、品种特性、气候条件等因素,确定合理的打顶时间和打顶标准,做到适时晚打顶、适当多留叶,使烟株平顶后上部烟叶能够充分发育,以达到顶叶长度 55 cm 左右,烟株近筒形或微腰鼓形,防止因打顶过早造成顶叶过长过大,可用性降低。对于大多数烟株生长正常的烟田,在中心花 50%～60% 开放时打顶;对于烟株长势过旺的烟田,适当推迟打顶时间,在开花盛期之后进行;对于烟株长势稍差的烟田适当提前打顶时间,在现蕾期进行。打顶时将整个花序连同两三片小于 15 cm 的小叶(也称花叶)一同摘去。打顶后最顶叶上方保留烟茎 2 cm 以上。

3. 及时抑芽

(1)化学抑芽　打顶后 24 h 内施用 25% 氟节胺(商品名芽封、灭芽灵)稀释后喷淋或涂抹。抑芽剂的选用按照发布的烟草农药合理使用导则进行。化学抑芽用药前先将大于 2 cm 的烟杈抹掉,用药后出现的卷曲腋芽不要人工摘除,以免再长新腋芽。使用化学抑芽应避免在雨后、露水未干时用药;用药 6 h 内降雨需重新用药;最好在傍晚或清晨施药,尽量避免在中午用药。

(2)人工抹杈　打顶后每隔 5～7 d 抹杈一次。

4. 合理留叶

一般留叶 20～22 片,保证有效叶 18～20 片,保留的顶叶长度在 15 cm 以上。

正常打顶留叶后,烟株底部光照不足、发育不良、叶片轻薄的下部叶 3～4 片,以及顶部开片不好、长度不足 45 cm、结构僵硬的顶叶 2～3 片,预计烤后品质较差,不具备烘烤价值,工业适用性差,需要进行去除。不适用下部叶在烟株打顶抑芽留足叶片后 5～7 d(移栽后 65～70 d)打除;不适用顶叶不予采摘。清除不适用烟叶宜选择晴天,按照"先打健株、后打病株"的原则进行;清除过程中操作人员应适时消毒(更换手套或用肥皂水清洗手),避免交叉传染病害。清除后的烟叶应及时带离出田间,进行销毁,确保田间清洁卫生。

第七章

烟草病虫害绿色防控

按照病虫害预测预报和统防统治的实施方案,充分发挥预测预报点的功能,实行"统一防治时间、统一防治方法、统一防治药剂、统一植保器械",把烟田周围环境纳入统防统治范围,变被动防治为主动防治,严控病虫害的大面积流行。

一、烟草常见病虫害

1. 病虫害发生时期

苗床期:易发生病毒病、烟蚜等病虫害。

还苗伸根期:易发生黑胫病、病毒病、烟蚜、地老虎等病虫害。

旺长期:易发生黑胫病、青枯病、病毒病、烟蚜、烟青虫等病虫害。

成熟采烤期:易发生赤星病、野火病、角斑病、气候斑、烟青虫等病虫害。烟草易发生病虫害统计见表 7-1。

2. 病毒病害介绍

（1）烟草普通花叶病毒病

烟草普通花叶病毒病（tobacco mosaic virus,TMV）广泛分布于我国各烟区,是烟草主要病毒病害之一。其中黑龙江、吉林、辽宁、山东、河南、安徽、湖北、四川、重庆、贵州、云南、福建、广东、台湾等地受害较重。

表 7-1　烟草易发生病虫害统计表

项目	苗床期	还苗伸根期	旺长期	成熟采烤期
病害	病毒病	黑胫病 根黑腐 病毒病	黑胫病 青枯病 病毒病	赤星病 野火病 角斑病 气候斑
虫害	烟蚜	烟蚜 地老虎	烟蚜 烟青虫	烟青虫

【病原与症状】该病由烟草普通花叶病毒引起。病毒粒体杆状。幼苗感病后,先在新叶上发生"脉明",以后蔓延至整个叶片,形成黄绿相间的斑驳,几天后形成"花叶"。病叶边缘有时向背面卷曲,叶基松散;有时叶片皱缩扭曲呈畸形,有缺刻,严重时叶尖也可呈鼠尾状或带状。早期发病,烟株矮化、生长缓慢,有时出现"花叶灼斑",在表现花叶的植株中下部常有 1～2 片叶沿叶脉产生闪电状坏死纹(图 7-1)。

图 7-1　普通花叶病

【发病规律】混有病残的种子、肥料、土壤及其他寄主,甚至烤过的烟叶及碎末都可成为初侵染来源。带病烟苗是大田发病的重要病源。在田间,病毒主要靠植株之间的接触及人在田间操作时手、衣服、工具等与烟株的接触传毒。种植感病品种,土壤结构差,苗期及大田期管理水平低,连作地块持续时间长,施用被 TMV 污染过的粪肥,天气干旱烟株生长发育不正常,感病时期早等是 TMV 流行的主要因素。

【防治方法】①栽种抗病品种,如辽烟 15 号、中烟 14、延烟 3 号、中烟 90、Coker176、Burley21、Ky14、TN90 等。②从无病株留种并进行风选。③加强苗床管理,培育无病壮苗。苗床要远离菜地、烤房、晾棚等。施用苗床土要进行高温消毒。④深翻晒土。不与茄科和十字花科作物间作或轮作。⑤适当早播、早栽,移栽时要剔除病苗。⑥在苗床和大田操作时,应禁止吸烟;手和工具要消毒;应专人管理,杜绝闲杂人等进入大棚;加强田间管理,田间操作应自无病区开始。⑦施用抗病毒药剂。较好的抗病毒药剂有 22% 金叶宝 400 倍液、83-增抗剂 100 倍液、1.5% 植病灵 800 倍液等,但必须从苗床期开始喷施预防才可能收到一定的效果。

(2)烟草黄瓜花叶病毒病

烟草黄瓜花叶病毒病广泛分布于我国各烟区,其中黄淮烟区受害最重,其次是广东、广西、福建、湖南、湖北、四川、陕西等地。该病是我国烟草上的主要病毒病害之一。

【病原与症状】烟草黄瓜花叶病毒原为黄瓜花叶病毒(cucumber mosaic virus,CMV),病毒粒体为近球形的 20 面体。苗期和大田期均可发病,系统侵染,全株发病。发病初期表现"脉明"症状,后逐渐在新叶上表现花叶;病叶变窄、伸直,呈拉紧状;叶表面茸毛稀少,失去光泽;有的病叶粗糙、发脆,呈革质,叶基部常伸长,两侧叶肉组织变窄变薄,甚至完全消失;叶尖细长,有些病叶边缘向上翻卷。该病毒也能使叶面形成黄绿相间的斑驳或深黄色疱斑。在中下部叶上常出现沿主侧脉的褐色坏死斑,或沿叶脉出现对称的、深褐色的闪电状坏死斑纹。植株随发病早晚也有不同程度矮化,根系发育不良,遇干旱或阳光暴晒,极易引起花叶灼斑(图 7-2)。

图 7-2　黄瓜烟叶病

【发病规律】CMV 主要在蔬菜、多年生树木及农田杂草中越冬,可以通过蚜虫和机器接触传播。蚜传在病害流行中起决定性作用。在病害流行过程中,除蚜虫传毒的主要作用外,病害在烟田中的扩散和加重也和机械传染如农事操作等有重要关系。黄瓜花叶病毒的发生流行与寄主、环境和有翅蚜数量关系密切。气象因素的变化也常影响蚜虫的活动,从而间接影响病害的流行。

【防治方法】①积极利用抗耐病品种。②利用银灰地膜避蚜防病。③药剂治蚜。在越冬卵孵化后、迁飞前,用 40%氧化乐果 2 000 倍液喷桃树和菜田;在桃蚜向烟田迁飞高峰期,用抗蚜威、万灵等喷施。

④实行以烟为主的麦烟套种。⑤坚持卫生栽培。在苗床和大田操作时,切实做到手和工具用肥皂消毒;在管理中,应先处理健株,后处理病株,不能吸烟。⑥抗病毒药剂请参见 TMV 一节。

(3)烟草马铃薯 Y 病毒病

烟草马铃薯 Y 病毒病广泛分布于我国各产烟区,受害较重的有山东、辽宁、河南、四川等省,近年有逐年加重的趋势,已成为我国烟草上的主要病毒病。

【病原与症状】 烟草马铃薯 Y 病毒病病原是马铃薯 Y 病毒(potato virus Y,PVY),病毒粒体为线状。PVY 在我国烟草上至少有4 个株系,即普通株系、脉坏死株系、点刻条斑株系和茎坏死株系。自幼苗到成株期都可发病,但以大田成株期发病较多。此病为系统侵染,整株发病。PVY 普通株系在田间的为害较轻,仅引起花叶及脉带症状。田间引起坏死的几种主要类型为:①PVY 的坏死株系(包括黄斑坏死株系)引起叶面、叶脉、茎甚至根系深褐色至黑色的坏死,受害烟株根系发育不良,须根变褐,数量减少;②PVY 所有株系与 TMV、CMV 等混合发生时表现比上述更为严重的坏死症状(图 7-3)。

图 7-3　马铃薯 Y 病毒病

【发病规律】PVY 室内易经汁液机械传染,自然条件下主要是靠蚜虫介体传毒。PVY 一般在马铃薯块茎及周年栽植的茄科作物(番茄、辣椒等)及多年生杂草上越冬,这些是病害初侵染的主要毒源,田间感病的烟株是大田再侵染的毒源。

影响 PVY 的发病因素与 CMV 基本相似,主要受传毒蚜虫、气候因素和烟草生育状况等多方面影响。生产中缺乏抗病品种,气候变暖影响毒源植物的生长和传毒介体的存活,与蔬菜、马铃薯、油菜等作物连作、邻作都会加重 PVY 的为害。

【防治方法】防治方法参见 CMV 一节。

目前国际上已育成抗 PVY 的品种,如 NC744、NC55、NCTG52、Virginia SCR、TN86、PBD6、筑波 1 号、筑波 2 号、云烟 301 等。

3. 细菌病害介绍

(1)烟草青枯病

烟草青枯病(tobacco bacterial wilt)是为害烟草最重的一种细菌病害,在我国长江以南烟区普遍发生,为害较重的有广东、广西、福建、湖南、湖北、四川、浙江、安徽南部及台湾等地。近几年有向北方烟区发展的趋势,山东、河南及辽宁部分烟区近年也有发生。

【病原与症状】烟草青枯病是由假单胞杆菌属的茄假单胞杆菌(*Pseudomonas solanacearum* Smith)引起的。该病为典型的维管束病害,根、茎、叶各部都可受害。发病初期,在晴天中午可见 1～2 片叶凋萎下垂,而夜间又可以恢复,萎蔫一侧的茎上有褪绿条斑。随着病情加重,表现“偏枯”,但顶芽不向有病一侧弯曲,而萎蔫叶片仍为青色,褪绿条斑也变为黑色条斑,可达植株顶部。发病中期,枯萎叶片由绿变浅绿,然后叶肉逐渐变黄而叶脉变黑,呈黄色网状斑块,全部叶片萎蔫。发病后期病株的表皮根部及髓部变黑腐烂,横切茎部有黄白色乳状黏液,即菌脓(图 7-4)。

【发病规律】烟草青枯病菌主要在土壤及遗落在土壤中的病残及

图 7-4　青枯病

其他寄主上越冬,病原菌靠雨水、排灌水、病土、病苗、人、畜、生产工具及昆虫进行扩散传播,一般从根部的伤口侵入。高温(30 ℃以上)和高湿(相对湿度 90%以上)是青枯病流行的主要条件。土壤黏重、排水不良、湿度过高和连作发病重;土壤缺硼,有线虫或其他地下害虫伤害根部会加重病情。

【防治方法】 ①选用抗病品种。G80、G140、Coker176、RG11、RG17、K346、K358、K394 等都有一定的抗病能力。②加强栽培措施。提倡与禾本科作物轮作,尤其是水旱轮作;起垄栽培,开沟排水,施净肥,在缺硼烟田适当增施硼肥。③不在雨天或露水未干前进行各种有利于病菌传播的农事操作。④药剂防治。首先用溴甲烷消毒育苗土壤;20%乙霜青 1 000 倍液,或用 200 μg/mL 农用链霉素,栽后始病期开始用药,10~15 d 1 次,连续 2~3 次,每株灌 30~50 mL。

(2)烟草角斑病

烟草角斑病(angular leaf spot of tabacco)在我国山东、河南、安

徽、四川、贵州、云南、浙江、陕西、广西、辽宁、吉林、黑龙江等地都有发生，其中吉林、四川、山东、陕西等地发病较重。一般常和野火病混合发生，在流行年份严重的可造成绝产。

【病原与症状】烟草角斑病菌为假单胞杆菌属丁香假单胞菌烟草致病变种（*Pseudomonas syringae pv. tabaci*），是不产生野火毒素的一个菌系。

病害在各生育期均可发生，在烟株生长后期发生较重。在苗床幼苗上的病斑多在叶脉两侧形成不规则角状斑，暗褐色、小，以后症状逐渐明显。湿度大时病斑迅速扩大，几个病斑融合成大片坏死，叶片腐烂，幼苗倒伏。成株期发病叶片病斑受叶脉限制呈多角状或不规则形，深褐色至黑色，边缘明显，但无明显晕圈，在病斑中可以看到颜色深浅不同的云状轮纹，数个病斑可融合成一片。在雨后或空气湿度大时病斑呈水浸状，在叶背有菌脓溢出，干后成一层膜。茎、蒴果发病时形成不规则褐斑，茎部病斑多凹陷（图7-5）。

图 7-5　角斑病

【发病规律】病菌在田间的病残体中和土壤里越冬,成为来年初侵染源;在种子里也可越冬。病害在苗期就可发生,当湿度大时病害便可蔓延流行,造成大片幼苗甚至整床烟苗发病死亡。轻病苗移栽到大田可发展为发病中心。病菌可随雨水反溅而引起发病,这些病株的病菌随风雨、灌溉水传播,从气孔或伤口侵入。暴风雨后病害可骤然上升。雨多湿度大,病害可在短期内暴发。天气干燥,病害发展可受到抑制。

田间若氮肥过多,打顶过早,密度过大均可促使发病加重。

【防治方法】①与禾木科作物轮作 3 年,不用马铃薯等茄科作物及大豆等作为前作。②清除病残体。要将病残株及早烧掉或深埋,田间要深翻。③种子消毒。用 0.1％硝酸银浸种 10 min 或用链霉素 200 μg/mL 浸 30 min,50 ℃温汤浸种 10 min 均可杀死种子内外病菌。④田间开始发病时立即喷施农用链霉素 200 μg/mL 或喷 1∶1∶200 波尔多液 500 倍液,或 50％DT500 倍液。每隔 10～15 d 喷 1 次,一般喷 2～3 次。

(3)烟草野火病

烟草野火病(tabacco wild fire)在我国各烟区均有发生,其中以黑龙江、吉林、辽宁、山东、四川、云南等省发生较重。有的烟田发病率高达 40％～60％,严重者可造成绝产。

【病原及症状】烟草野火病病原为假单胞杆菌属丁香假单胞菌烟草致病变种(*Pseudomonas syringae pv. tabaci*)。野火病主要为害叶片,也为害茎、蒴果、萼片。发病初期产生黑褐色水渍状小圆斑,有很宽的晕圈,以后病斑扩大,直径可达 1～2 cm,圆形或近圆形,褐色有轮纹。病斑愈合形成不规则大斑。天气潮湿,病部有薄层菌脓;天气干燥时,病斑破裂脱落,叶片被毁。茎、蒴果、萼片受侵染形成不规则褐色至黑褐色小斑,黄晕不明显(图 7-6)。

【发病规律】病原菌在病残体和种子上或其他寄主中越冬,借风

图 7-6　野火病

雨、昆虫和粪肥传播，从伤口或自然孔口侵入。病害发生流行与气候条件、品种抗性、栽培条件等因素有关，发病适宜温度为 28～32 ℃。湿度是影响该病的重要因素，特别是暴风雨后，易造成病害流行。一般氮肥过多、钾肥不足、生长过旺烟株易感病。

【防治方法】①选用抗耐品种，如白肋 21、KY14、G80 等较抗病；②加强栽培管理，培育壮苗，适期早栽，选无病株留种，播种前用农用链霉素 200 μg/mL 浸泡 30 min；③不能与大豆等寄主作物轮作；④秋季收烟后，销毁病残体；⑤发病后及时摘除病叶，并喷 1∶1∶160 倍波尔多液。团棵期、旺长期以及烟株封顶后各喷 1 次 200 μg/mL 农用链霉素或 50％DT 可湿性粉剂 500 倍液或 50％DTM 可湿性粉剂 500 倍液，每隔 10～15 d 喷 1 次，连续喷 2～3 次。农用链霉素和 DT 等农药应交替使用，以减缓野火病菌抗药性的产生。

4. 真菌病害介绍

(1)烟草黑胫病

烟草黑胫病(tobacoo black shank)是我国烟草上的重要病害之

一,黄淮烟区及其以南各烟区发生较重。

【病原与症状】烟草黑胫病又称"腰烂病",由鞭毛菌亚门的烟草疫霉菌[*Phytophthora parasitica var. nicotianae*（Breda de Haan）Tucker]引起,主要为害大田期烟株。苗期受害呈"猝倒"状;旺长期受侵染时茎上无明显症状,而根系变黑死亡,导致叶片迅速凋萎、变黄下垂,呈"穿大褂"状,严重时全株死亡。"黑胫"为此病的典型症状,从茎基部侵染并迅速横向和纵向扩展,可达烟茎 1/3 以上,叶片自下而上凋萎枯死。纵剖病茎,可见髓干缩成褐色"碟片状",其间有白色菌丝;在多雨季节,病菌孢子随雨水飞溅可以从抹杈等造成的伤口处侵入,形成茎斑,使茎易从病斑处折断即"腰烂";多雨潮湿时下部叶片易受侵染,形成直径 4～5 cm 的坏死斑,即"叶斑",又称"猪屎斑"(图 7-7)。

图 7-7　黑胫病

【发病规律】病菌以厚垣孢子和菌丝在病株残体内于土壤或厩肥中越冬,可存活 3 年以上,是主要初侵染菌源。田间病菌主要靠流水和农事操作传播。高温高湿有利于病害发生，而降雨和湿度是流行的关键因素。近年发现地膜烟的黑胫病比露地烟黑胫病早发生 10～15 d。

【防治方法】①种植抗病品种，NC82、K326、K346、NC89、中烟98、云烟 85、K394、中烟9203、中烟 14 等都是较抗病的品种。②实行2～3 年与禾本科、甘薯等轮作。③施用净肥。④注意排水，防止田间积水，并起垄栽烟。⑤及时拔除病株并妥善处理，不得乱扔。⑥药剂防治。目前较好的药剂有甲霜灵和甲霜·锰锌。施药方法：成苗期，用 25％甲霜灵或 72％甲霜·锰锌 500 倍液喷施或浇灌；移栽后 4～6 周向茎基部及其周围表土施药，以 25％甲霜灵 500 倍液灌根效果最好。目前在白肋烟上已发现黑胫病菌对甲霜灵产生很强的抗药性，在白肋烟上宜使用 72％甲霜·锰锌或 25％普力克可湿性粉剂进行防治。

（2）烟草根黑腐病

根黑腐病（black root rot）在我国分布广泛。河南、云南、广西、贵州、山东、安徽、湖北、四川等省（自治区）发生较重，近年来为害有所上升。

【病原与症状】烟草根黑腐病菌为根串珠霉菌[*Thielaviopsis basicola*（Brek. et Br.）Ferraris]，属半知菌亚门。幼苗期至现蕾期发病较重，主要侵染烟草根系，呈特异的黑色。幼苗很小时，病菌从土表部位侵入，病斑环绕茎部，向上侵入子叶，向下侵入根系，使整株腐烂，呈"猝倒"症状。较大的幼苗感病后，根尖和新生的小根变黑腐烂，大根系上呈现黑斑，病部粗糙，严重时腐烂，拔出时仅见到变黑的茎基部和少数短而粗的黑根与主干相连。发病苗床烟苗长势和叶色不均匀。大田期被侵染的烟苗生长缓慢，植株严重矮化，中下部叶片变黄枯萎，大部分根变黑腐烂，在病斑上方常可见到新生的不定根。在田间极少整田发病，多为局部或零星发病（图 7-8）。

【发病规律】根黑腐病是土传病害，主要以厚垣孢子和内生分生

图 7-8 根黑腐病

孢子在土壤中、病残体及粪肥中越冬后成为初侵染源。田间发病的最适温度为 17～23 ℃。土壤湿度大,尤其接近饱和点时,易于发病,当pH≤5.6 时极少发病。

【防治方法】①选用抗病品种,NC82、NC89、NC60、G140、红花大金元等品种对根黑腐病有较好的抗性;②用溴甲烷等进行土壤消毒,培育无病壮苗;③与禾本科植物进行 3 年以上轮作;④田间科学管理,采用高垄栽培,施用腐熟的有机肥;⑤发病后可用药剂防治,移栽时每亩用 75% 甲基托布津可湿性粉剂,50～75 g 拌细干土穴施,或加水50 kg 浇施。发病初期可喷施 75% 甲基托布津可湿性粉剂 1 000 倍液,也可用 50% 多菌灵可湿性粉剂 500～800 倍液或 50% 福美双可湿性粉剂 500 倍液灌根。

（3）烟草赤星病

烟草赤星病（tabacco brown spot），是我国烟草上的主要病害之一，全国各产烟区均有发生。主要在成熟期发病，东北、黄淮及西南烟区受害较重。

【病原与症状】烟草赤星病是由链格孢菌[*Alternaria alternata* (Fries) Keissler]引起的，属半知菌亚门。赤星病是烟叶成熟期的主要叶斑病害。病害从烟株下部叶片开始发生，随着叶片的成熟，病斑自下而上逐步发展。最初在叶片上出现黄褐色圆形小斑点，以后变成褐色。病斑的大小与湿度有关，湿度大病斑则大，湿度小病斑则小。一般来说最初不足 0.1 cm，以后逐渐扩大，病斑直径可达 1～2 cm。病斑圆形或不规则圆形，褐色，有明显的同心轮纹，外围有淡黄色晕圈。病斑中心有深褐色或黑色霉状物。病害严重时，许多病斑相互连接合并，致使病斑枯焦脱落，整个叶片破碎而无使用价值。茎秆、蒴果上也可产生深褐色或黑褐色圆形或长圆形凹陷病斑（图 7-9）。

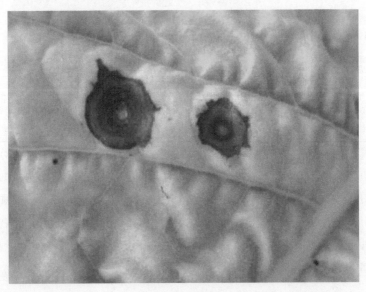

图 7-9　赤星病

【发病规律】病菌以菌丝在病株残体上越冬,尤以病茎上越冬效率较高。长距离传播主要靠风,雨水能作短距离传播。烟株幼苗期抗病,以后抗病力逐渐减弱,烟叶成熟后开始进入感病阶段。发病适宜温度为 23.7～28.5 ℃,降水多、空气湿度大、昼夜温差大、结露时间长,利于发病。

【防治方法】①选用抗病品种,较抗赤星病的品种有 G28 和 K346等;②发展春烟,适时早栽;③培育壮苗,提高幼苗的抗病能力;④合理密植,适当增施磷钾肥,搞好田间卫生,彻底销毁烟秆等残体,减少侵染菌源;⑤药剂防治,结合采收底脚叶喷第一次药,一般要间隔 7～10 d,喷 2～3 次。药剂使用 40％的菌核净 400～500 倍液、10％宝丽安可湿性粉剂 800～1 000倍液,效果较好。

5. 其他病害介绍

(1)烟草根结线虫病

烟草根结线虫病(tobacco root knot nematode)是我国烟草上的主要病害之一,除黑龙江,吉林等省外,几乎各主要产烟区均有发生,发生较重的有四川、重庆、河南、云南、广西、湖南、湖北及山东等地,且有继续加重的趋势。

【病原与症状】病原为根结线虫(*Meloidogyne* spp.),属根结线虫属。我国有南方根结线虫、爪哇根结线虫、花生根结线虫和北方根结线虫等,目前多数烟区以南方根结线虫为优势种。从苗床期至大田生长期均可发生。苗床期发病一般地上无明显症状,至移栽前,幼苗根部有少量米粒大小的根结,须根稀少;大田生长期先从下部叶片的叶尖、叶缘开始褪绿,整株叶片由下而上逐渐变黄色,生长缓慢,高矮不齐。拔起病根可见大小不等的根结,须根稀少。许多根结相连,呈鸡爪状。土壤湿度大时,根系易腐烂(图 7-10)。

【发病规律】烟草根结线虫以卵、卵囊、幼虫在土壤中及遗留在土壤中的病株和其他寄主作物、杂草根系的根结中越冬。一般情况下干

图 7-10　根结线虫病

旱年份根结线虫病重,多雨年份轻;土质疏松、通气性好的沙壤土发病重,黏重土壤发病轻;春季温度回升快发病重。

【防治方法】①NC89、G80、K346、中烟14等对南方根结线虫1和3号小种抗病性较为稳定,但都不抗爪哇根结线虫和花生根结线虫,应密切注视根结线虫种群变化,及时调整栽培品种。②合理轮作。病田应实行3年轮制。一般以禾本科作物及棉花等轮作为宜。③培育无病壮苗。采用溴甲烷熏蒸或磷化铝处理苗床土,清除病残体,及时清除田间杂草寄主。④增施有机肥,冬季深翻晒土。土壤消毒,每亩用15%涕灭威800～1 000 g(或5%涕灭威2 400～3 000 g)、10%克线磷颗粒剂2 000 g等,在烟草移栽时穴施在烟株附近。

（2）烟草气候斑点病

烟草气候斑点病（tobacco weather fleck）,各地普遍发生,为害较重的有云南、河南、福建、广东、山东和广西等省（自治区）。

【病原与症状】本病乃大气中以臭氧为主的污染物所致。大气中臭氧浓度 $0.06\sim0.08$ $\mu g/g$、与烟株接触 24 h 以上即可发病;若臭氧浓度提高则所需时间相应地缩短。若大气中又有二氧化硫等污染物,会有协同作用,所需臭氧浓度更低。症状因烟草生育期、气候及烟草品种的不同,有白斑、褐斑、环斑、尘灰、褐点等多种类型,其中以白斑型最为常见。白斑型发生于团棵后期中下部已充分伸展的叶片上。病斑圆形至不规则形,大小为 $1\sim3$ mm。初水渍状,后变褐色,再变白色。病斑中心坏死、下陷,甚至穿孔。褐斑型与白斑型相似,区别仅褐变后不再变白色。环斑型色泽也有白色和褐色,但这些白斑和褐斑常间断地组成 $1\sim3$ 个环状斑。尘灰型似红蜘蛛为害状。褐点型病斑中心不明显。但不论何种类型,病斑均不透明,也无黑点或灰色霉状物（图 7-11）。

图 7-11　气候斑点病

【发病规律】烟草叶片快速生长至近成熟期,若冷空气来袭,引起连续低温、多雨、日照少,土壤水分含量高,烟草叶片细胞间隙充满水分,气孔张开,雨后骤晴,病害便可能大发生。烟株感染 CMV 或 PVY

后,病害便特别严重。不同品种对气候斑抗性有很大差异。

【防治方法】①选用抗耐病品种。②施足基肥,及时追肥,适当控制氮肥,按1∶1∶2至1∶2∶3配施磷钾肥;及时中耕除草,增加田间通风透光度。③药剂防治。从团棵期起,可用增效波尔多液300倍液、65%代森锌可湿性粉剂500倍液、50%甲基托布津可湿性粉剂700倍液等喷雾,每7～10 d喷1次,连喷2～3次,乙撑二脲(EDU)每亩喷施200～250 g,连喷3次可获得显著防效。④控制空气污染,保护环境。

6. 烟草害虫介绍

(1)烟蚜

烟蚜(green peach aphid)(*Myzus persicae* Sulzer),又名桃蚜。属同翅目蚜科。我国各烟区均有分布。

【形态特征与为害状】无翅孤雌胎生蚜体长1.5～2.0 mm,长卵圆形,体色有绿、黄绿、暗绿、赤褐等多种颜色。

有翅孤雌胎生蚜体长约2 mm,头部黑色额瘤显著,向内倾斜,胸部黑色,腹部绿色或黄绿色(图7-12)。

图7-12　烟蚜

烟蚜具有明显的趋嫩性、避光性。有翅蚜对黄色有正趋性,对银灰色和白色有负趋性。烟蚜吸食幼嫩烟叶汁液,烟叶受害后烟株生长缓慢,叶片变薄、皱缩,同时分泌蜜露诱发煤污病,造成烟叶品质下降;有翅蚜可传播烟草黄瓜花叶病毒病等多种病毒病害。

【发生规律】烟蚜1年发生的代数,因地区而异,自北向南逐渐增多,西南烟区30~40代,东北烟区、黄淮烟区24~30代。烟蚜一般以卵在桃树上或以成、若虫在温室或越冬蔬菜上越冬。春季有翅蚜迁往烟草、早春作物和蔬菜上。迁入的有翅蚜胎生无翅蚜繁殖为害,秋季产生有翅蚜迁往十字花科蔬菜上。10月中旬以后产生有翅性母蚜迁往桃树,于10月底开始交尾产卵。卵多产于枝条的顶端、花芽和叶芽处。

【防治方法】在卵孵化后,桃叶未卷叶之前,防治桃树上的蚜虫,或在蚜虫向烟田迁飞之前,喷药防治其他作物如蔬菜、油菜及马铃薯等上的蚜虫,以减少迁移蚜的数量。苗床期可用纱网阻隔蚜虫进入苗床。

大田生长期,移栽时在烟株根际周围穴施15%铁灭克100~150 g/亩、5%涕灭威500~600 g/亩。其残效期在60 d左右,南方烟区应控制使用。蚜量上升阶段喷洒40%氧化乐果乳油1 000倍液、50%辟蚜雾3 000~5 000倍液,或90%万灵可溶性粉剂3 000~4 000倍液。及时打顶抹杈。也可利用麦烟套种、银灰色薄膜覆盖等措施,以减轻烟蚜的为害。

(2)烟青虫

烟青虫(tobacco budworm)(*Heliothis assulta* Guenée)又名烟草夜蛾,属鳞翅目夜蛾科。田间多与棉铃虫混合发生。烟青虫属多食性害虫,全国各烟区均有发生,以黄淮烟区,华中烟区及西南烟区的四川、贵州等地发生为害较重。

【形态特征与为害状】成虫体长15~18 mm。雌蛾身体背面及前翅为棕黄色,雄蛾为淡灰略带黄绿色,腹面淡黄色。卵半球形,高 0.4～0.5 mm,初产时乳白色,数小时后变为灰黄色,近孵化时变为紫褐色。初孵幼虫体长平均 2.0 mm,老熟幼虫 31～41 mm,头部黄褐色。幼虫体色因食物或环境条件的变化而变化,一般夏季为绿色或青绿色,秋季多为红色或暗褐色(图 7-13)。

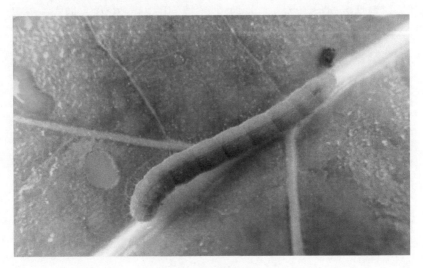

图 7-13　烟青虫

烟青虫在烟草现蕾以前为害新芽与嫩叶,将烟叶吃成小孔洞或缺刻,并随叶片生长孔洞增加,严重时几乎可将全叶吃光;留种田烟株现蕾后,为害蕾和花果,有时还能钻入嫩茎取食,造成上部幼芽、嫩叶枯死。

【发生规律】每年发生代数自南向北逐渐减少,南方烟区 4～6代,黄淮烟区 3～4 代,东北烟区 1～2 代。以蛹在土中越冬。一般在 4月底至 6 月中旬羽化。成虫多集中在夜晚活动。卵多散产在烟株中上部叶片正、反面绒毛较多的部位,也可产于嫩芽、嫩茎、花果及萼片上。

【防治方法】①冬耕灭蛹。②在发生量较少时可捕杀幼虫,于阴天或清晨,检查嫩叶,如发现有新鲜虫孔或虫粪时,可随即找出幼虫杀死。③利用性诱剂诱杀成虫:成虫盛发期挂置诱芯,诱芯有效期 20 d 左右,每亩设置 1～2 个诱捕器。④药剂防治。于幼虫 3 龄以前用 90％万灵粉剂 3 000 倍液,2.5％敌杀死乳油 2 000 倍液,50％辛硫磷乳油 1 000 倍液,Bt 剂(每克含 1 亿活孢子)1 000 倍液等喷洒。

(3)地老虎

地老虎(cutworms)类是为害烟草的主要地下害虫,在我国烟区发生的有 7～8 种,其中小地老虎分布面最广,为害最重,其次是黄地老虎和大地老虎,白边地老虎仅在东北烟区发生,为害较重。地老虎类均属鳞翅目夜蛾科,为杂食性害虫。

【形态特征与为害状】小地老虎成虫头部及胸部褐色或灰褐色,头顶有黑斑。雌虫前翅黑褐色,雄虫前翅棕褐色,肾形斑外有一黑色楔形斑与两个尖端向内的楔形黑斑相对。后翅灰白色。老熟幼虫体色较暗,灰褐色至暗褐色,体表粗糙,有龟裂状皱纹及黑色小颗粒。腹部末节的臀板黄褐色,有两条对称的深褐色纵带,有时不甚明显(图 7-14)。

图 7-14　地老虎

黄地老虎成虫前翅黄褐色,其上散布小黑点,肾状纹、环状纹及棒状纹明显,各斑纹边缘为黑褐色,中央暗褐色。老熟幼虫腹背面4个毛片大小相近,臀板中央有黄色纵纹,其两侧各有黄褐色大斑。

大地老虎雄蛾前翅前缘黑褐色,环形纹、肾形纹、外横线明显,肾形纹外有一黑色不规则斑,雌蛾前翅暗黑色,幼虫黄褐色,表皮多皱纹。

各种地老虎为害状基本一致,如小地老虎主要以第一代幼虫为害移栽至团棵期的幼苗,造成缺苗断垄;1～2龄幼虫取食嫩烟叶成小孔或缺刻;3龄后昼伏夜出,在近地面处咬断茎。

【发生规律】一般以幼虫越冬。卵多产于土块、枯草或多毛的叶子背面。成虫飞翔力强,有较强的趋化性和趋光性。耕作粗放、地势低洼及杂草较多的烟田受害重。

【防治方法】①深耕细耙,清除田间杂草。②黑光灯或糖酒醋水液(加少量敌百虫)诱杀成虫。新鲜泡桐叶诱捕幼虫(60～80片/亩)。③90%敌百虫晶体0.5 kg加水2.5～5.0 kg,喷在50 kg粉碎炒香的豆饼或麦麸上并拌匀,于傍晚撒到烟苗附近或于栽烟时封于烟窝中,每亩用量15～30 kg。④50%辛硫磷乳油1 000倍液或2.5%敌杀死乳油1 200倍液于幼虫3龄前喷施。

二、绿色防控措施

坚持以生物物理防治为主,辅助化学防治。

一是加强农业防治,以根系培育及保健栽培为中心推行深翻耕、深挖沟、深移栽、高起垄和水肥营养平衡的"三深一高一平衡"栽培技术,减少不必要的农事操作次数,强调卫生操作,控制病害传播源和传播途径。

二是加强生物物理防治,每1.5亩烟田安装1个诱捕器,全面覆盖诱杀烟青虫、棉铃虫。

三是用好低残留预防性药剂,全面应用波尔多液和抗性诱导剂"阿泰灵"等预防性药剂;继续推广生物防治技术;依托合作社对烟田周边环境实施统防统治;加强农药管控,所有农药由合作社统一采购管理,严格遵循施药剂量、方法、次数、防治时期和安全间隔期,最大限度减少用药种类和残留。

四是全面推广落实烟芽茧蜂防治烟蚜技术。

三、化学防治

严格按照当年度《农药推荐使用名录》进行化学防治,严禁使用名录以外农药。

1. 预防叶斑类病害

使用波尔多液在团棵期、旺长期预防 2 次;角斑、野火病发生时,用 72% 农用链霉素 3 000 倍稀释液防治;赤星病轻微发生时,用 40% 多菌核净可湿性粉剂稀释 400～500 倍喷雾防治;防治叶斑类病害时,要注意对叶片反正面同时喷洒药剂,以取得更好的防治效果。

2. 预防根黑腐和青枯病

抠苗封埯后,将农用链霉素 42 g/亩、甲基托布津 100 g/亩混匀,稀释 1 000 倍沿茎基部灌入根部。

3. 预防黑胫病

用 58% 甲霜·锰锌 100 g/亩,稀释 600 倍,喷淋烟株和茎基部,重点是茎基部。注意药剂使用应与预防根黑腐和青枯病间隔 3 d 以上。

4. 防控病毒病

于中苗井窖移栽掏苗出膜后、封埯培土前、下部不适用烟叶处理前,用 20% 中烟迎晨(20% 吗胍·乙酸铜可湿性粉剂)50 g/亩,1 000 倍稀释液,东旺毒消(24% 混脂酸·碱铜水乳剂)600～900 倍稀释液,交替喷施。

5. 虫害防控

地下害虫用毒饵(敌百虫∶麸皮＝1∶100)在移栽时防治;烟蚜、灰飞虱与叶蝉用50％吡蚜酮2 500倍稀释液进行防控,分别于中苗井窖移栽掏苗出膜后、移栽后35 d、移栽后55 d各喷1次,每次亩用药量15～20 g;烟青虫用5.7％甲维盐(甲氨基阿维菌素苯甲酸盐)水分散粒剂每亩3 g兑水15 L喷雾,进行预防;虫情发生时,每亩每包(10 g)兑水15 L喷雾防治。

四、波尔多液

波尔多液是一种保护性杀菌剂,由硫酸铜、生石灰和水按一定比例配制而成。波尔多液已多年在烟草上广泛应用,可用于防治病毒病、叶斑类病害、气候斑点病、受机械损伤烟叶等。

配制比例为:硫酸铜∶生石灰∶水＝1∶1∶(160～200)。用10％～20％的水溶化生石灰配成石灰乳,用80％～90％的水溶化硫酸铜,然后将稀硫酸铜溶液慢慢倒入石灰乳中,边倒边搅拌,直至充分混合即成。配制时不能把石灰乳倒入硫酸铜溶液中,因为这样配制出的波尔多液容易沉淀,防病效果差,还会出现药害。配制好的波尔多液呈天蓝色,略带黏性,胶态沉淀稳定,悬浮性能良好,质地很细,沉淀速度较慢,是一种悬浊的药液,呈碱性反应,喷在烟上黏着力强,有效期可达15 d左右。如果配成的波尔多液呈蓝绿色或灰蓝色,质地较粗,甚至呈絮状,沉淀较快,则质量不好,影响防治效果。

配制使用注意事项:配制波尔多液时,不能使用金属容器和搅拌器;配制硫酸铜液时要做到完全溶解,以免沉淀和喷洒不均;波尔多液不宜久放,超过24 h后易变质。图7-15为配置波尔多液。

图 7-15　配置波尔多液

五、农药合理使用规程

农药合理使用规程见表 7-2。

表 7-2 农药合理使用规程

产品名称	防治对象	有效成分常用量	有效成分最高用量	施药方法	最多使用次数	安全间隔期/d
70%吡虫啉可湿性粉剂	烟蚜	3 g/亩	4.5 g/亩	喷雾	2	10
5%啶虫脒乳油	烟蚜	2 g/亩	3 g/亩	喷雾	2	10
0.5%苦参碱水剂	烟青虫	800 倍液	600 倍液	喷雾	2	10
25 g/L 溴氰菊酯乳油	烟青虫	2 500 倍液	1 000 倍液	喷雾	2	10
5%甲氨基阿维菌素苯甲酸盐可溶粒剂	烟青虫	0.15 g/亩	0.2 g/亩	喷雾	2	10
16 000 IU/mg 苏云金杆菌可湿性粉剂	烟青虫	制剂 50 g/亩	制剂 75 g/亩	喷雾	2	10
80%代森锌可湿性粉剂	炭疽病	64 g/亩	80 g/亩	喷雾	2	10
70%甲基硫菌灵可湿性粉剂	根黑腐病	1 000 倍液	800 倍液	喷淋	2	15
25%甲霜·霜霉威可湿性粉剂	黑胫病	800 倍液	600 倍液	喷淋茎基部	2	10
58%甲霜·锰锌可湿性粉剂	黑胫病	800 倍液	600 倍液	喷淋茎基部	2	10
40%菌核净可湿性粉剂	赤星病	500 倍液	400 倍液	喷雾	3	10
3%多抗霉素水剂	赤星病	800 倍液	400 倍液	喷雾	3	10
80%代森锰锌可湿性粉剂	赤星病	96 g/亩	128 g/亩	喷雾	3	10
52%王铜·代森锰锌可湿性粉剂	野火病	67.6 g/亩	78 g/亩	喷雾	3	10
80%波尔多液可湿性粉剂	野火病	600 倍液	400 倍液	喷雾	3	10
8%宁南霉素水剂	病毒病	1 600 倍液	1 200 倍液	喷雾	4	10
125 g/L 氟节胺乳油	腋芽	12.5 mg/株	14 mg/株	杯淋	1	10
330 g/L 二甲戊灵乳油	腋芽	100 倍液	80 倍液	杯淋	1	10
360 g/L 仲丁灵乳油	腋芽	100 倍液	80 倍液	杯淋	1	10

成熟采收与精准烘烤

一、适期成熟采收

1. 成熟采收的基本原则

提高采收烟叶的成熟度是改善烟叶质量、提高等级结构的重要手段。不同部位的烟叶都要根据实际情况适时成熟采收。

下部叶适时早采，中部叶成熟稳采，上部叶充分成熟采收，顶部4～6片一次性采收。以此为原则，按部位自下而上逐叶采收，确保采收烟叶的品种、部位、成熟度尽量一致。

2. 成熟烟叶的基本标准

下部叶：烟叶基本色为绿色，稍微显现黄色；主脉 2/3 变白，支脉1/3 变白；茸毛部分脱落；采摘时声音清脆，断面整齐；移栽后 70 d 内完成第一次采收（图 8-1a）。

中部叶：叶片黄绿至浅黄色，叶耳呈黄绿色，叶尖、叶缘落黄明显；叶面稍皱，部分有黄色成熟斑；主脉全部变白，支脉 1/2 变白；叶片自然下垂,茎叶角度增大;达到成熟采收(图 8-1b)。

上部叶:叶片和叶耳浅黄至淡黄色,叶面落黄充分、皱褶多,出现明显的黄色成熟斑;主脉变白发亮,支脉 2/3 以上变白;叶尖下垂,茎叶角度明显增大;9 月 20 日前完成最后一次采收(图 8-1c)。

a.下部叶

b.中部叶

c.上部叶

图 8-1　烟叶成熟标准

3. 采收时间

一般烟株打顶后一周左右开始采收。下二棚叶烤完后应根据情况停炉 7～10 d,待中部叶达到成熟后采收。

4. 采收技术

烟叶采收前应根据烤房容量、天气状况和烟叶含水量多少确定采收数量,以防采多或采少。

采收时应轻拿轻放,避免挤压,勿暴晒;堆放不宜过密,时间不宜过长。

烟株生长成熟一致的烟田,每次每株可采 2～3 片,每隔 5～10 d 采一次,顶部 4～6 片叶在充分成熟后一次采完;烟株生长不一致的烟田,应按部位选择成熟一致的烟叶采收。

二、密集烤房烘烤工艺

1. 鲜烟叶分类

鲜烟叶分类是提高烟叶烘烤质量的基础。对采收后的烟叶一定要统一采收标准,进行鲜烟叶分类,把成熟适中、成熟稍差和过熟烟叶以及病斑烟叶分别绑杆,保证同杆同质(图 8-2)。在装炉时,根据烤房

图 8-2 统一采收标准

内各层次的温度差进行配炉,这样才能使烘烤时变化一致,烤后质量一致。

2. 绑烟或夹烟

使用烟杆绑烟时,每杆绑鲜烟 10～15 kg,每撮烟叶 2 片。

使用针长 16 cm 的烟夹夹烟时,下部烟或叶片较小的烟叶,每夹夹鲜烟 12 kg 左右,中部叶 15 kg 左右,上部叶 18 kg 左右。绑烟或夹烟密度应均匀,不宜过量或欠量(图 8-3)。

图 8-3 绑烟

3. 装烟

(1)分类装烟

对于普通烤房和气流上升式密集烤房,变黄快的鲜烟及过熟叶、轻度病叶装在底层,质量好的鲜烟装在中层,欠熟叶装在底层。

对于广泛推广的气流下降式密集烤房(图 8-5),变黄快的鲜烟及过熟叶、轻度病叶装在顶层,质量好的鲜烟装在中层,欠熟叶装在底层。观察窗口附近应放置具有代表性的烟叶(图 8-4)。

图 8-4　装烟

图 8-5　密集烤房

（2）装烟密度和数量

烟杆编烟：单杆（长 145 cm 的烟杆）鲜烟质量 9～11 kg。编烟时每束 2 片，叶基对齐（叶柄露出 6～7 cm），均匀分布，单杆编烟 160～180片，烟杆两端空出 5～8 cm，编扣牢固，不掉叶。编烟用棉线绳，在干净的阴凉处进行；已编杆的烟叶应分类挂在挂烟架上，避免日晒，防止损伤烟叶。

烟夹夹烟:使用烟夹夹烟时,下部叶片较小的,每夹夹鲜烟 12 kg 左右,中部叶 15 kg 左右,上部叶 18 kg 左右。夹烟密度应均匀一致。

装烟密度:采用烟杆编烟方式,烟叶距离烟杆端头应超过 8 cm,每束 2 片,装烟鲜重下部≥3 000 kg,中部≥3 500 kg,上部≥4 000 kg。烟夹要夹满夹匀,夹与夹间距 3 cm,单炉装烟 312 夹。

(3)传感器(温湿度探头)挂置

给湿球水瓶装满洁净的清水,最好是凉开水,并按要求塞置好纱布,将温湿度传感器平稳挂置在密集烤房高温层和低温层中间位置,使传感器探头位于该层烟叶中部稍低位置(注意传感器探头不要与烟叶接触),用高温层温湿度计进行密集烘烤控制。

4. 八点式密集烘烤工艺

8 个关键温度点:38 ℃、40 ℃、42 ℃、45 ℃、47 ℃、50 ℃、54 ℃、68 ℃。

主要特点:一是适当提高主变黄温度,以 38~40 ℃为主变黄温度,延长 42 ℃凋萎温度稳温时间,增加烟叶变黄程度和失水量,有利大分子物质的充分降解,促进更多香气前体物质和香气物质的积累形成;二是定色前期以 45~47 ℃为主定色温度以延长稳温时间,减少青筋、挂灰、组织僵硬等低次烟,促使香气物质进一步转化合成;三是降低变黄后期和定色前期湿球温度 1~2 ℃,减少挂灰、黑糟烟;四是延长定色后期(50~54 ℃)的稳温时间,增加香气物质的合成;五是提高定色后期和干筋期湿球温度,增加橘黄烟比例,改善烟叶颜色和色度,减少香气损失,提高能源利用率,降本增效。

第一点:烟叶装炉后,关闭门窗和进风口,点火,5 h 内将干球温度升到 38 ℃,湿球温度控制在 37~38 ℃,稳温 8~12 h,烟叶叶尖变黄,风机中速运转。

第二点:以 2 h 升温 1 ℃的速度,将干球温度升到 40 ℃,湿球温度控制在 37 ℃,稳温 20 h,烟叶变黄 7～8 成,叶片失水发软,风机中速运转。

第三点:以 2 h 升温 1 ℃的速度,将干球温度升到 42 ℃,湿球温度控制在 37～36 ℃,稳温 20 h,烟叶黄片青筋,主脉发软,风机高速运转。

第四点:以 2 h 升温 1 ℃的速度,将干球温度升到 45 ℃,湿球温度控制在 37～38 ℃,稳温 12 h,烟叶大部分青筋变白,勾尖卷边,风机高速运转。

第五点:以 2 h 升温 1 ℃的速度,将干球温度升到 47 ℃,湿球温度控制在 37～38 ℃,稳温 12 h,烟叶黄片黄筋,接近小卷筒,风机高速运转。

第六点:以 1 h 升温 1 ℃的速度,将干球温度升到 50 ℃,湿球温度控制在 38 ℃,稳温 6～8 h,烟叶黄片黄筋,接近大卷筒,风机中速运转。

第七点:以 1 h 升温 1 ℃的速度,将干球温度升到 54 ℃,湿球温度控制在 39 ℃,稳温 6～8 h,烟叶黄片黄筋,接近大卷筒,风机中速运转。

第八点:以 1 h 升温 1 ℃的速度,将干球温度升到 68 ℃,湿球温度控制在 40～42 ℃,稳温 24 h,全炕烟叶干筋,风机中低速运转。

气流下降式密集烤房八点式烘烤工艺见表 8-1,各阶段目标烟叶标准见表 8-2。

表 8-1　气流下降式密集烤房八点式烘烤工艺

干球温度/℃	湿球温度/℃	升温速度	稳温时间/h	目标任务	风机风速/Hz
38	37～38	点火后 5 h 升到 38 ℃	8～12	顶棚叶尖变黄	低速运转(30)
40	38	2 h 1 ℃升到 40 ℃	20	顶棚黄片青筋,叶片发软	低速运转(35)
42	37～36	2 h 1 ℃升到 42 ℃	20	底棚黄片青筋,主脉发软	高速运转(35～40)

续表 8-1

干球温度/℃	湿球温度/℃	升温速度	稳温时间/h	目标任务	风机风速/Hz
45	36~38	2 h 1 ℃升到 45 ℃	15	顶棚黄片黄筋,小卷筒	高速运转(40~45)
47	36~38	2 h 1 ℃升到 47 ℃	15	底棚黄片黄筋,小卷筒	高速运转(40~45)
50	38	1 h 1 ℃升到 50 ℃	10	顶棚大卷筒	高速运转(40~35)
54	39	1 h 1 ℃升到 54 ℃	15	底棚大卷筒	低速运转(40~35)
68	42	1 h 1~2 ℃升到 68 ℃	15	全炉干筋	低速运转(35)

表 8-2　各阶段目标烟叶标准

干球温度	38 ℃	40 ℃	42 ℃	45 ℃
目标烟叶照片				
干球温度	47 ℃	50 ℃	54 ℃	68 ℃
目标烟叶照片				

三、普通烤房烘烤工艺

1. 编烟装烟

单杆编烟 120~130 片,烟杆两端空出 5~8 cm,编扣牢固,不掉叶。编烟使用棉线绳,在干净的阴凉处进行。已编杆的烟叶应分类挂在挂烟架上,避免日晒,防止损伤烟叶。

装烟密度:装烟时上下层杆距均匀一致,相邻两个烟杆之间中心距离为 8～10 cm。

使用烟杆绑烟时,每杆绑鲜烟 10～15 kg,每撮烟叶 2 片。下部烟每炉装鲜烟 1 200 kg,中部 1 500 kg,上部 1 800 kg,每炉 60～120 杆。

普通烤房自动进料、控温设备见图 8-6。

图 8-6　普通烤房自动进料、控温设备

2. 普通烤房烘烤技术

普通房烘烤技术,装烟 120 杆,每竿 60 朵。点火后每 1 h 1 ℃将温度升到 29 ℃,湿球温度 26 ℃,稳温 4 h。具体烘烤技术如下。

使用小火,将温度每 1 h 升 1 ℃升到 34 ℃,湿球温度 31 ℃,稳温 8 h;

将温度每 1 h 升 1 ℃升到 38 ℃,湿球温度 35 ℃,稳温 15 h;

将温度每 1 h 升 1 ℃升到 40 ℃,湿球温度 37 ℃,稳温 15 h;

将温度每 2 h 升 1 ℃升到 42 ℃,湿球温度 36 ℃,稳温 15 h;

将温度每 2 h 升 1 ℃升到 44 ℃,湿球温度 36 ℃,稳温 12 h;

将温度每 2 h 升 1 ℃升到 48 ℃,湿球温度 37 ℃,稳温 10 h;

将温度每 1 h 升 1 ℃升到 50 ℃,湿球温度 38 ℃,稳温 12 h;

将温度每 1 h 升 1 ℃升到 54 ℃,湿球温度 39 ℃,稳温 15 h;

将温度每 1 h 升 1 ℃升到 60 ℃,湿球温度 40 ℃,稳温 10 h;

将温度升到 65 ℃,湿度 41 ℃,稳温 15 h,烟叶全部干燥。

图 8-7 为普通烤房 40 ℃,烟叶变黄程度。

图 8-7 普通烤房 40 ℃烟叶变黄程度

表 8-3 为普通烤房烤黄烤香烘烤工艺(中部烟叶)。

表 8-3 普通烤房烤黄烤香烘烤工艺(中部烟叶)

工艺时段	变黄阶段					定色阶段				干筋阶段	
干温温度/℃	29	34	38	40	42	44	48	50	54	60	65
湿球温度/℃	26	31	35	37	36	36	37	38	39	40	41
升温速度/(℃/h)	1~2 ℃	3	4	2	2	4	8	2	4	6	5
温稳时间/h	4	8	15	15	15	12	10	10	15	10	15
阶段烘烤时间/h	68					65				36	

3. 传感器(温湿度探头)挂置

给湿球水瓶装满洁净的清水,最好是凉开水,并按要求塞置好纱布,将温湿度传感器平稳挂置在密集烤房中高温层和低温层中间位置,使传感器探头位于该层烟叶中部稍低位置(注意传感器探头不要与烟叶接触)。

第九章

烟叶分级与收购

一、烟叶分级

1. 卸炉回潮

(1)回潮方法

一是在外界空气相对湿度较高的情况下,确认全房烟叶完全干筋后,停止加热,关闭风机电源,当烤房温度降低至 45~50 ℃时,打开装烟门、冷风进风口和排湿口,让烟叶自然吸潮,以达到要求的水分标准。二是在外界空气相对湿度较低的情况下,当烤房温度降至 50~55 ℃时,向装烟室和加热室地面均匀泼水,然后开启风机通风,并用小孔径水管向炉顶及换热器外壁慢速喷射清水,用所产生的蒸汽提高循环风的湿度而回潮烟叶。若回潮时火炉火管已明显回冷,则可用柴草重新烧一段时间火,促进水分汽化,使烟叶达到要求的水分标准。

(2)堆放要求

堆放原理:有适宜含水量的初烤烟叶堆放一段时间,经过初步发酵和陈化,烟叶外观和内在化学成分发生相应变化,品质得到改善和提高。

堆放要求:一是堆放地点要干燥,不受阳光直射,远离化肥、农药等有异味物质。二是以烟垛形式堆放,烟垛高度不超过 1.5 m,长宽根据实际情况而定。三是不同部位、不同质量的烟叶分开堆放。堆放时叶尖向里,叶基向外,叠放整齐,个别湿筋或湿片烟叶必须剔除。堆好后用塑料薄膜、麻布等盖严,并覆盖遮光物,防止烟叶褪色。四是定期检查,防止温度过高和湿度过大造成烟叶霉烂变质。

2. 烟叶初分

将出炉后的烟叶 3 d 内做好去青、去杂、去除非烟物质为主的烟叶初分工作(图 9-1)。

图 9-1　烟叶初分

初分标准要求为:烟叶青、杂比例不超过 5%,混部比例不超过 10%,无非烟物质、烟叶水分达到 16%～18%。

初分后的烟叶按炉次、部位分类存放。烟叶存储过程中要防晒,防褪色,防潮,防霉变。

3. 入户预检

(1)由合作社牵头择优选用群众基础好、沟通能力强、技术水平高的人

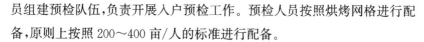

员组建预检队伍,负责开展入户预检工作。预检人员按照烘烤网格进行配备,原则上按照 200～400 亩/人的标准进行配备。

(2)预检员依据收购样品,加强对烟农分级过程的巡回检查指导。

(3)烟站主评、预检组长、预检员和烘烤师共同入户,对无青杂和非烟物质,水分控制在 16%～18%的烟叶进行初定级评价。对部位、颜色均匀一致,完全达到收购标准的烟叶确定为 A 类,并直接定级;对部位、颜色基本一致,青杂比例不超过 5%,无非烟物质,水分控制在 16%～18%,需经专业化分级后收购的烟叶,确定为 B 类,进行初定级,确定部位、颜色;对未达到 B 类的烟叶,指导烟农重新初分级后,重新确定类别。

(4)入户初定级后,确定烟农交售时段(上午或下午)。

(5)实行"责任到人、预检到户、凭证交售"制度。

二、烟叶交售

1. 收购样品制定

(1)按照国家烤烟 GB 2635—1992 文字标准和地区仿制标样执行。

(2)烟叶样品从当年的新烟中获取,由山东中烟工业有限责任公司和产区公司双方代表共同制样并签字封存,作为单元工商交接样品。

2. 专业化分级散叶收购模式

(1)采取"人烟分离、专业化分级、三员互控、公正合理"的专业化分级收购模式。

(2)分级　初检复核合格的 A 类烟叶直接进入快速通道交售;不合格的 A 类与 B 类烟叶进入普通通道,经专业化分级合格后定级交售。

(3)成包　烟站配备仓储辅助人员,成包前按烟叶质量进行重新排筐,实行小把入箱,齐头排放;不准窝烟,不得长边单向竖排,避免烟叶造碎。对装箱、打包、缝合、标识进行监督,保证包内和包间质量均匀一致,成包规格符合标准,包头二维码标识悬挂完整。做到当日成包当日清仓,单等级库存烟叶不得超过 40 kg。

(4)调运 全面推行成车即交、厂站直调。收购比例最大的两个等级上一日库存之和超过 400 担,达到成车即交标准。县级公司制定调拨发货计划,烟站按照计划次日发货。发货前,烟站对待运烟包进行自查,对移库数量(件数)、纯度(青杂、水分、非烟物质)、重量(净重)进行检验,检验合格的,开具"烟叶调出质量检验报告单"和"移库单",与"准运证"随货同行,做到手续齐全、货证相符。根据烟叶调拨流向分类调复烤厂仓库存放,保证成批次烟叶质量均匀一致。

(5)山东中烟工业公司所需特色等级,全部实行单独收购,单独存放(包括调往中心库集中流转的烟叶)。

三、收购质量控制

(1)由工商双方代表成立收购质量监督检查小组,统一认识、统一眼光、统一标准。

(2)工商双方采取定期和不定期相结合的检查与抽查方式,对烟农分级和收购站点及调入中心库烟叶按照等级质量要求进行检查指导,检查结果及时反馈工商双方相关部门,作为烟叶工商交接的重要依据。

(3)规范收购秩序,净化收购市场,为烟叶收购提供和谐环境。

(4)对于混等级、混部位、混颜色的情况及时提出整改要求;水分严重超限、霉烂、掺杂使假的烟叶一律不予收购。

(5)严格控制非烟物质,无尼龙绳(丝)、线头、动物毛发、塑料薄膜等非烟物质。引导烟农下杆时主动去除非烟物质。专业化分级场地和收购场地设置非烟物质框,及时对塑料袋、捆扎绳等非烟物质进行收集,保持仓库地面清洁,无杂物;防止生活物品、包装物品等非烟物质混入烟包。

参考文献

[1] 山东省农业科学院,中国农业科学院烟草研究所.山东烟草[M].北京:中国农业出版社,1999.

[2] 中国农业科学院烟草研究所.中国烟草栽培学[M].上海:上海科学技术出版社,2005.

[3] 马兴华,石屹,王树声.烤烟优质高效栽培理论与技术[M].北京:中国农业出版社,2019.

[4] 朱贤朝,王彦亭,王智发.中国烟草病虫害防治手册[M].北京:中国农业出版社,2002.

[5] 吴洪田,张忠锋,徐立国.烟叶生产技术与管理创新[M].北京:中国农业科学技术出版社,2022.

[6] 2022年诸城市国民经济和社会发展统计公报,诸城市统计局.

[7] 2022年临朐县国民经济和社会发展统计公报,临朐县统计局.

[8] 2022年兰陵县国民经济和社会发展统计公报,兰陵县统计局.

[9] 罗登山,王兵,乔学义.全国烤烟烟叶香型风格区划解析[J].中国烟草学报,2019,25(4):1-9.

[10] 乔学义,王兵,熊斌,等.全国烤烟烟叶特征香韵地理分布及变化[J].烟草科技,2017,50(5):66-72.

[11] 乔学义,申玉军,马宇平,等.不同香型烤烟烟叶香韵研究[J].烟草科技,2014,(2):5-7,14.

[12] 徐波,张国超,包自超,等.山东各产地烤烟烟叶香型风格特征与差异[J].湖南农业科学,2020(8):88-92.

[13] 周会娜,刘萍萍,张玉霞,等.八大香型风格新鲜烟叶代谢特征的生

态成因分析[J]. 烟草科技,2022,55(6):19-26.

[14] 贾兴华,王元英,佟道儒,等. 烤烟新品种中烟100(CF965)的选育及其应用评价[J]. 中国烟草学报,2006(2):20-25.

[15] 张玉,刘杨,王元英,等. 烤烟新品种中川208的选育及特征特性[J]. 中国烟草科学,2019,40(5):1-7.

[16] 晁江涛,吴新儒,宋青松,等. 烤烟新品种中烟特香301的选育及特征特性[J]. 中国烟草科学,2022,43(3):7-13.

[17] 孙延国,马兴华,黄择祥,等. 烟草温光特性研究与利用:Ⅰ. 气象因素对山东烟区主栽品种生育期的影响[J]. 中国烟草科学,2020,41(1):30-37.

[18] 孙延国,马兴华,姜滨,等. 烟草温光特性研究与利用:Ⅱ. 气象因素对山东主栽烤烟品种生长发育及产量的影响[J]. 中国烟草科学,2020,41(3):44-52.

[19] 孙延国,王永,张杨,等. 烟草温光特性研究与利用:Ⅲ. 基于温光效应的烟草叶片生长模拟模型建立[J]. 中国烟草科学,2022,43(4):6-14.

[20] 张重义,谢小波,王毅,等. 烟草化感自毒作用与其连作障碍研究的启示[J]. 中国烟草学报,2011,17(4):88-92.

[21] 于宁,关连珠,娄翼来,等. 施石灰对北方连作烟田土壤酸度调节及酶活性恢复研究[J]. 土壤通报,2008(4):849-851.

[22] 周挺,梁颁捷,张炳辉,等. 间套作防控烟草病虫害研究进展[J]. 中国烟草科学,2020,41(5):105-112.

[23] 芦伟龙,董建新,宋文静,等. 土壤深耕与秸秆还田对土壤物理性状及烟叶产质量的影响[J]. 中国烟草科学,2019,40(1):25-32.

[24] 刘勇军,周羽,靳志丽,等. 有机物料类型对烟草根际微生物及烟叶产质量的影响[J]. 土壤,2018,50(2):312-318.

[25] 孙艳茹. 山东烟区绿肥作物冬牧70黑麦生长的适宜水分温度条件研究[D]. 北京:中国农业科学院,2016.

[26] 常帅,闫慧峰,杨举田,等. 两种禾本科冬绿肥生长规律及腐解特征比较[J]. 中国土壤与肥料,2015(1):101-105.

[27] 芦海灵,张翔,李亮,等. 深耕和绿肥掩青条件下生物炭对烟叶产质量和土壤养分的影响[J]. 烟草科技,2021,54(5):14-22.

[28] 刘海伟,刘江,张金林,等. 山东烟叶杂气类型及其与化学成分的相关性研究[J]. 山东农业科学,2022,54(1):49-54.

[29] 王玉林,孙延国,高俊,等. 施氮量与种植密度对中烟100烟叶产量及化学成分的影响[J]. 山东农业科学,2022,54(7):113-121,134.

[30] 侯跃亮,李现道,杨举田,等. 山东省不同基因型烤烟新品种生态适应性研究[J]. 山东农业科学,2018,50(11):58-65.

[31] 鹿莹,梁晓芳,管恩森,等. 移栽时间对烤烟光合特性、产量和品质的影响[J]. 中国烟草科学,2014,35(1):48-53.

[32] 陈克玲,刘杨,夏春,等.120cm行距下不同株距对烤烟品种干物质与氮钾养分积累的影响[J]. 山东农业科学,2022,54(9):99-105.

[33] 陈东,邹静,郭刚刚,等. 不同规格育苗盘对烟苗素质及主要生理特性的影响[J]. 作物杂志,2023(1):129-135.

[34] 刘继坤. 种植密度对烤烟品种 NC55 生长发育的影响及机制[D]. 北京:中国农业科学院,2018.

[35] 杜传印,王德权,夏磊,等. 水肥一体化条件下减施氮肥对烤烟生长及生理特性的影响[J]. 中国烟草科学,2018,39(6):29-35.

[36] 霍昭光,孙志浩,邢雪霞,等. 北方烟区水肥一体化对烤烟生长、根系形态、生理及光合特性的影响[J]. 中国生态农业学报,2017,25(9):1317-1325.